AF177147

Gaby Haag

Mini-Lexikon
Naturheilpraxis für Hunde
Erkrankungen und Heilmittel

© 2013 KYNOS VERLAG Dr. Dieter Fleig GmbH
Konrad-Zuse-Straße 3, D-54552 Nerdlen/Daun
Telefon: 06592 957389-0
Telefax: 06592 957389-20
www.kynos-verlag.de

Grafik & Layout: Kynos Verlag
Gedruckt in Lettland

ISBN 978-3-942335-99-7

2. Auflage 2016

Mit dem Kauf dieses Buches unterstützen Sie die
Kynos Stiftung Hunde helfen Menschen
www.kynos-stiftung.de

Das Werk einschließlich aller seiner Teile ist urheberrechtlich geschützt.
Jede Verwertung außerhalb der engen Grenzen des Urheberrechtsgesetzes ist ohne schriftliche
Zustimmung des Verlages unzulässig und strafbar. Das gilt insbesondere für Vervielfältigungen,
Übersetzungen, Mikroverfilmungen und die Einspeicherung und Verarbeitung in elektroni-
schen Systemen.

Haftungsausschluss: Die Benutzung dieses Buches und die Umsetzung der darin enthaltenen
Informationen erfolgt ausdrücklich auf eigenes Risiko. Der Verlag und auch der Autor können
für etwaige Unfälle und Schäden jeder Art, die sich bei der Umsetzung von im Buch beschrie-
benen Vorgehensweisen ergeben, aus keinem Rechtsgrund eine Haftung übernehmen. Rechts-
und Schadenersatzansprüche sind ausgeschlossen. Das Werk inklusive aller Inhalte wurde unter
größter Sorgfalt erarbeitet. Dennoch können Druckfehler und Falschinformationen nicht voll-
ständig ausgeschlossen werden. Der Verlag und auch der Autor übernehmen keine Haftung für
die Aktualität, Richtigkeit und Vollständigkeit der Inhalte des Buches, ebenso nicht für Druckfehler. Es kann keine juristische Verantwortung sowie Haftung in irgendeiner Form für fehlerhafte
Angaben und daraus entstandene Folgen vom Verlag bzw. Autor übernommen werden. Für die
Inhalte von den in diesem Buch abgedruckten Internetseiten sind ausschließlich die Betreiber
der jeweiligen Internetseiten verantwortlich.

Inhaltsverzeichnis

1. Einleitung

Seit längerer Zeit wird auch in der Tiermedizin der Ruf nach nebenwirkungsfreien, biologischen Arzneimitteln immer lauter. Und natürlich sollen diese Therapien nicht nur auf die Symptome wirken, sondern die Wurzel des Krankheitsgeschehens erfassen.

Tiere sprechen, wie der Mensch, sehr gut auf biologische Behandlungsweisen an. Und dass es dieselben Mittel sind, die man auch dem Menschen bei derselben Krankheit geben würde, zeigt uns wieder einmal, wie nahe uns das Tier ist. Es hat denselben Schmerz und dasselbe Leid, dieselbe Krankheit und wie wir ein wichtiges Gut: Gesundheit und Wohlgefühl. Und somit auch das Bestreben und das Recht, diese zu erhalten oder im Krankheitsfall wieder zu erreichen.

Zielsetzung dieses Buches ist, allen an Naturmedizin Interessierten, egal ob Laien oder Therapeuten, ein Nachschlagewerk zu bieten, das schnelle, indikationsbezogene Therapievorschläge liefert. Die einzelnen naturheilkundlichen Verfahren (Homöopathie, Schüssler Salze, Bachblüten, Kräuter usw.) sind dabei gut kombinierbar, das heißt miteinander anzuwenden, und das ist in den meisten Fällen auch empfehlenswert. Bei den empfohlenen Mitteln kommt es nicht zu Wechselwirkungen, geschweige denn zu Neben- bzw. Folgewirkungen. Dabei ist es aber vorteilhaft, nicht nach starren Therapiemustern vorzugehen, sondern die Therapieempfehlungen anhand der Mittelbilder und der dem Hund eigenen, für ihn charakteristischen Verhaltensweise, der eventuellen Vorgeschichte usw. individuell abzustimmen.

Naturheilmittel kommen sowohl zur Vorbeugung als auch im Krankheitsfall zum Einsatz, können aber auch gerade bei schweren Krankheiten schulmedizinische Mittel und Maßnahmen gut unterstützen.

Eine echte arzneiliche Prophylaxe ist mit der heutigen schulmedizinischen Arzneitherapie meist nicht möglich, und erst recht keine Konstitutionsbehandlung, die ab dem Welpenalter zur Krankheitsvorbeugung eingesetzt werden sollte. Die Naturmedizin kann diese Lücke sehr gut schließen.

Darüber hinaus leistet sie einen nicht unerheblichen Beitrag zur Stärkung der körpereigenen Abwehrkräfte, der Selbstregulation des Körpers und der Wiederherstellung der Selbstheilungskräfte.

Bei leichten Krankheiten können Naturheilmittel ohne sonstige Maßnahmen eingesetzt werden, bei schweren akuten oder chronischen Krankheiten muss aber unbedingt eine medizinische Behandlung erfolgen. Naturheilmittel können eine schulmedizinische Therapie oder sogar eine Operation nicht ersetzen. Sie können aber deren Wirkung erhöhen, Nebenwirkungen vermindern und eine schnellere Heilung bewirken. Nicht zu übersehen ist dabei ihre Gesamtwirkung auf den Körper und dessen Stärkung. Wie jedes Lebewesen, so besitzt auch der Hund eigene Heilkräfte, die durch den Einsatz von Naturheilmitteln unterstützt werden.

Aber: Jeder Art von Therapie muss eine gründliche Diagnostik vorausgehen.
Also bitte immer beachten: Dieses Buch ersetzt nicht die Diagnose und Therapie durch einen Tierarzt. Bei allen Erkrankungen, die länger als 2-3 Tage dauern, ist unbedingt eine genaue Diagnostik erforderlich. Bei starken Schmerzen und schweren und ernsthaften akuten Symptomen ist sofortiges medizinisches Handeln durch einen Tierarzt erforderlich.

Nicht zu vergessen sind natürlich auch die Folgen einer unnatürlichen Lebens- und Ernährungsweise, der auch unsere Hunde heutzutage unterliegen.

Das beste Mittel kann nicht wirken, wenn der Hund sich z. B. zu wenig bewegt, falsch ernährt wird oder wegen schlechter Haltung leidet. Deshalb erreicht der alleinige Einsatz von alternativen, aber auch schulmedizinischen Mitteln ohne Beachtung der Fütterung, Haltung, Stressbelastung, Hygiene usw. nur kurzfristige Behandlungsergebnisse.

Schlechte Zuchtauslese und die Belastung durch Umweltgifte sind weitere nicht zu unterschätzende Faktoren, die zu Krankheiten bei Hunden, teilweise schon von Geburt an, beitragen.

Die bei den jeweiligen Krankheiten angegebenen Mittel stammen aus verschiedenen Therapiebereichen wie z.B. Homöopathie, Spagyrik usw. und sind entsprechend ihrer Zugehörigkeit entsprechend farblich gekennzeichnet.

- *Alle diese Mittel sollte man nicht über 28°C lagern, sie nicht in die Sonne stellen, nicht mit Metallen in Berührung bringen (immer Holz- oder Plastiklöffel verwenden) und keinen Strahlen aussetzen.*
- *Es gibt keine Altersbeschränkung, das heißt auch gerade geworfenen Welpen kann man sie bedenkenlos eingeben (am besten in gelöster Form).*
- *Salben können beim Hund nur bedingt angewendet werden, z.B. bei Wunden, Hautausschlägen usw., wenn die Wirkung nicht durch zu viel Fell beeinträchtigt wird. Besser eignen sich beim Hund Umschläge oder Waschungen aus in Wasser gelösten Mitteln. Hierfür können alle im Buch angegebenen Mittel verwendet werden.*
- *In den Kapiteln zu den Organsystemen sind am Anfang unter »allgemein« diejenigen Mittel angeführt, die das entsprechende Organ oder System generell unterstützen, Sie sollten immer eingesetzt werden. Dazu können dann Mittel kommen, die unter dem entsprechenden Symptom oder der Krankheit angeführt sind.*
- *Unter »zusätzlich« werden bei vielen Krankheiten und Symptomen genauere Differenzierungen vorgenommen, sodass auch die entsprechenden Mittel spezifisch und gezielt angewendet werden können. Das bedeutet, oft sind sogenannte »Leitsymptome« angegeben (z.B. Verschlimmerung durch....., oder mit Schleim usw.), wodurch die Wahl des richtigen Mittels erleichtert wird. Auch diese symptomenorientierten Mittel werden zusätzlich zu den allgemeinen Organmitteln gegeben.*
- *In den speziellen Kapiteln wie zum Beispiel Alter, Welpen, Notfall usw. sind nur spezifische Mittel für bestimmte Lebenssituationen angegeben. Deshalb dazu immer die entsprechenden Kapitel für das betroffene Organsystem oder die Krankheit beachten.*

Kennzeichnungen:

Die verschiedenen Therapieformen werden in verschiedenen Farben dargestellt:
Die farbigen Punkte kennzeichnen die Therapieform der verschiedenen Mittel.

Homöopathie	•	Kräuter	•
Spagyrik	•	Bachblüten	•
Komplexmittel	•		
Schüssler Salze und Bicomplexe/Iso	•		

Nachfolgend eine kurze Information über die jeweilige Therapie sowie deren Einnahme- und Dosierungsanleitungen.

2. Die Therapieformen

2.1. Homöopathie

Klassische Homöopathie bedeutet, dass der geschulte Therapeut aus einer Vielzahl von Symptomen unter Berücksichtigung des ganzen Körpers und des psychischen Befindens das passende homöopathische Arzneimittel ermittelt und es in der richtigen Potenz und Menge einsetzt. Natürlich ist dies mit entsprechender Sachkunde und Erfahrung verbunden. Das heißt, diese Therapieform ist dem Laien oder dem in der Klassischen Homöopathie unerfahrenen Therapeuten nicht möglich.

Trotzdem kann aber auch der Laie homöopathische Mittel anwenden, sofern es sich um organotrope und funktiotrope Mittel handelt, also Mittel, die auf ein bestimmtes Organ oder einen Funktionskreis des Körpers einwirken. Oder sie können als »Drainagemittel« eingesetzt werden, das heißt, für bestimmte Entgiftungsleistungen oder Funktionsanregungen.

Die in diesem Buch angeführten homöopathischen Mittel beruhen auf diesem Prinzip. Sie können auch vom Laien gefahrlos für sein Tier eingesetzt werden. Es wurde aus diesem Grund auf hohe Potenzen verzichtet (mit einigen wenigen Ausnahmen), denn die Therapie mit hohen Potenzen gehört in die Hand eines erfahrenen Therapeuten.

Bei vielen Symptomen und Krankheiten wurden genauere Differenzierungen vorgenommen, sodass auch die entsprechenden homöopathischen Mittel spezifisch angewendet werden können. Deshalb sind oft sogenannte »Leitsymptome« angegeben (z.B. Verschlimmerung durch ..., oder mit Schleim usw.) , womit die Wahl des richtigen Mittels erleichtert wird.

2.1.2. Potenz
Die der Krankheit oder dem Symptom entsprechende Potenz ist bei dem jeweiligen homöopathischen Mittel angegeben.

2.1.3. Dosierung und Einnahme
- Homöopathische Mittel sollten in der Regel nüchtern, also vor dem Fressen eingenommen werden.

- Wenn nicht anders angegeben, gibt man normalerweise 3 x täglich 5 Globuli oder 1 Tablette.

- In akuten Fällen und nach Erkältungen gibt man in der Regel öfter, gegebenenfalls sogar alle 5 Minuten. Je akuter, je schneller, je heftiger die Krankheit verläuft, desto häufiger muss man eingeben.

- In chronischen Fällen gibt man weniger, meist nur 1 x täglich. Die empfohlene Einnahmezeit ist hier morgens auf nüchternen Magen.

- Die Globuli oder Tabletten sollten von der Mundschleimhaut aufgenommen werden. Also dem Hund entweder auf die Zunge geben oder mit einem Holzlöffel zerstoßen und auf die Zunge streuen. Man kann die homöopathischen Mittel aber auch in etwas Wasser auflösen und mit einem Teelöffel (nur aus Holz oder Plastik) eingeben oder in eine Spritze aufziehen und tropfenweise eingeben. Diese Vorgehensweise empfiehlt sich vor allem dann, wenn häufige Gaben nötig sind.

- Sollten die entsprechenden homöopathischen Mittel nicht als Globuli, sondern nur als Tablette erhältlich sein, entspricht 1 Tablette 5 Globulis.

- Werden mehrere homöopathische Mittel verabreicht, so sollten sie nacheinander gegeben werden.

2.2. Spagyrik

Spagyrik ist wie auch die Homöopathie eine naturheilkundliche Therapierichtung. Sie ist älter als diese, aber weniger bekannt.

Die in diesem Buch enthaltenen spagyrischen Mittel stammen alle von der Firma Iso. Es gibt sie, mit Ausnahme einiger Fluids (Tropfen), als Globuli. Die Mittel sind rein pflanzlichen Ursprungs. Durch Vergärung werden aus verschiedenen Pflanzen heilsame Inhaltsstoffe gewonnen, die je nach Mittel verschieden kombiniert und potenziert werden.
In der spagyrischen Aufbereitung wird die Pflanze aufgeschlossen und durch ein eigenes Verfahren werden ihre Heilkräfte freigelegt. Wichtig dabei ist, dass von der Pflanze zwei Auszüge gewonnen werden. Ein wässriger Auszug, da gerade wasserlösliche Stoffe vom Körper gut resorbiert werden, und ein alkoholischer Auszug.

Bei der Spagyrik handelt es sich um eine ganzheitliche Therapie, weil auch durch sie nicht einzelne Symptome bekämpft werden, sondern der gesamte Organismus wieder ins Gleichgewicht gebracht wird. Sie eignet sich dazu, die Funktionen bestimmter Organe und den Stoffwechsel anzuregen.

Spagyrische Mittel setzt man vor allem dann ein, wenn Funktionen gestört sind und reguliert werden müssen. Es handelt sich dabei um eine Reiztherapie, weil durch sie die Selbstheilungskräfte des Körpers angeregt werden.

2.2.1. Dosierung und Einnahme
siehe Homöopathie.
Es darf immer nur ein Mittel einer Mittelgruppe gegeben werden, also von den St-Mitteln nur eines, von den Gw – Mitteln nur eines und so weiter. Sollten mehrere Mittel aus einer Gruppe angezeigt sein, kann man aber täglich wechseln.

2.3. Komplexmittel

Komplexmittel bestehen, wie der Name schon sagt, aus der Mischung verschiedener Urtinkturen oder potenzierter homöopathischer Mittel, die alle auf einen bestimmten Wirkungsbereich oder ein Organ abgestimmt sind. So gibt es Komplexmittel zur Anregung der Leberfunktion, der Lungenfunktion, zur Entgiftung und so weiter.

2.3.1. Dosierung und Einnahme
Wenn nicht anders angegeben, gibt man 3 x täglich 1 Tablette oder 3 x 5 Tropfen. Auch hier gilt: Je akuter, desto häufiger, das bedeutet bis zu 6 x täglich.

Injektionsmittel kann man auch oral geben, normalerweise 1 Ampulle täglich. Diese am besten mit etwas Wasser verdünnt in eine Spritze aufziehen und 2–3 x tgl. in das Maul geben.

2.4. Schüssler Salze und Bicomplexe/Iso

Schüssler Salze sind keine Mineralstoffe im eigentlichen Sinn, so wie sie in Lebensmitteln oder Nahrungsergänzungsmitteln enthalten sind. Sie werden homöopathisch potenziert, sodass sie durch diese energetische Veränderung die Wirkungsweise und Funktion der Mineralien im Körper beeinflussen.
Das heißt es sind Funktionsstoffe, die das innere Zellmilieu, die Zellmembran und die Informationsübertragung der Zellzwischenräume unterstützen.

Es geht also nicht um die Einnahme eines fehlenden Mineralstoffes, sondern darum, über eine bestimmte Information einen Reiz oder Anstoß zur Heilung zu geben.
Der Einsatz der Schüssler Salze gehört zu den Reiz- oder Regulationstherapien, denn durch sie werden die Selbstheilungskräfte des Körpers aktiviert.

Schüssler Salze sind Basistherapeutika, die grundsätzlich bei Krankheiten und zur Vorbeugung mit eingesetzt werden sollten, zusätzlich zu allopathischen und biologischen Mitteln, deren Wirkung sie steigern können. Aber auch zur Wiederherstellung eines geordneten Säure-Basenhaushalts, zur Aktivierung des Immunsystems, in der Rekonvaleszenz und zur Nachbehandlung von Krankheiten sind sie wichtig.

Darüber hinaus kommen sie bei speziellen Bedürfnissen in verschiedenen Lebensphasen, -situationen und Altersstufen zum Einsatz.

Es gibt 12 Schüssler Salze (Nummer 1-12), die ein breites Wirkungsspektrum haben und 12 Ergänzungsmittel (Nummer 13-24), die in ihrem Einsatzbereich eher speziell sind.

2.4.1. Potenz
Schüssler Salze werden meist in der D6 gegeben. Alle angeführten Schüssler Salze beziehen sich auf die D6, in allen Ausnahmefällen ist die entsprechende Potenz mit angegeben.

2.4.2. Dosierung und Einnahme
- Schüssler Salze sollten mit ½ Stunde Abstand zum Fressen gegeben werden.

- Wenn nicht anders angegeben, gibt man normalerweise 3 x täglich 1 Tablette.

- In akuten Fällen gibt man alle 3 – 5 Minuten eine Tablette, es können aber auch bis zu 20 Tabletten pro Stunde sein. Die Regel ist: Je akuter, desto häufigere Einnahme und/oder mehr Tabletten.

- Sie können auch über einen längeren Zeitraum in höheren Dosierungen gefahrlos eingenommen werden.

- Schüssler Salze treten bereits in der Mundschleimhaut ins Blut ein. Aus diesem Grund sollte man die Tabletten zu Pulver zerstoßen und dem Hund auf die Zunge streuen. Es ist auch möglich und, wenn bei einer Indikation so angegeben, auch empfehlenswert, die Tabletten in warmen Wasser aufzulösen und mit einem Plastiklöffel oder mit einer Spritze schluckweise einzugeben. Muss ein Schüssler Salz sehr häufig gegeben werden, ist diese Methode auch praktischer.

- Meistens gibt es bei Krankheiten nicht nur einen isolierten Mangel an nur einem Schüssler Salz, sodass es durchaus sinnvoll ist, mehrere Schüssler Salze miteinander zu kombinieren. Vor allem deshalb, weil eine Krankheit im Normalfall nicht nur ein Organ betrifft, sondern verschiedene Gewebe und Organsysteme oder auch den gesamten Körper.

- Bei Laktoseunverträglichkeit sollten die Schüssler Salze als laktosefreie Tabletten oder Tropfen eingegeben werden, dabei entspricht eine Tablette 5 Tropfen.

- Schüssler Salze gibt es auch als Salben für die äußerliche Anwendung.

2.4.3. »Heiße Sieben«
Die sogenannte »Heiße Sieben« bezieht sich auf die spezielle Einnahme der Nummer 7 der Schüssler Salze, dem Magnesium phosphoricum.

Man gibt 10 Tabletten Magnesium phosphoricum in ein Glas heißes Wasser und löst sie auf, indem man mit einem Plastik- oder Holzlöffel umrührt. Diese Lösung wird so warm wie möglich schluckweise eingegeben.

Die Heiße Sieben verwendet man vor allem bei akuten, plötzlich auftretenden Schmerzzuständen, Verkrampfungen und Krämpfen.

2.5. Bicomplexe/Iso

Daneben bietet die Firma Iso die sogenannten Bicomplexe an. Es handelt sich dabei um Mischungen aus mehreren Schüssler Salzen. Entsprechend ihrer Nummer (1-30) ergibt sich für diese Mittel ein jeweils eigener Wirkungsbereich.

Dieser Wirkungsbereich bestimmt sich aus dem Zusammenwirken der verschiedenen Einzelbestandteile. Je nachdem, welche Mineralsalze enthalten sind, ergibt sich die Wirkung auf ein erkranktes Gewebe oder Körperteil. Es werden alle Stoffwechselvorgänge im Körper unterstützt, weil alle beteiligten Organe einer Körperregion oder -funktion harmonisiert werden.

2.5.1. Dosierung und Einnahme
Die Einnahme und Dosierung ist wie bei den Schüssler Salzen, wobei die Bicomplexe den Vorteil haben, dass nicht mehrere für die Krankheit nötige einzelne Schüssler Salze eingegeben werden müssen, sondern bereits in einer Tablette vereinigt sind.

2.6. Kräuter

Heilkräuter kann man frisch oder getrocknet anwenden. Frische Kräuter werden kleingeschnitten und zum Futter gegeben, getrocknete gibt man ebenfalls über das Futter. Kleine Hunde bekommen etwa 1 Tl. pro Tag, mittlere 1 El., große Hunde 2 El. pro Tag.

Sollte der Hund Kräuter in seinem Futter ablehnen oder aus Krankheitsgründen nichts fressen, wählt man eine der nachfolgenden Möglichkeiten:

- Man bereitet einen Kräutertee - mit etwas Honig gesüßt wird er von vielen Hunden gern getrunken. Andernfalls gibt man ihn mit einem Teelöffel ein oder zieht ihn in eine Spritze auf und gibt ihn dem Hund zwischen den Lefzen in den Fang.

- Die Kräuter in einem Mörser pulverisieren und in eine Kapsel füllen und dem Hund eingeben. Leerkapseln in verschiedenen Größen sind in der Apotheke erhältlich.

2.7. Bachblüten

Dr. Edward Bach hat vor rund 100 Jahren die Bachblüten entwickelt. Sie stammen aus der homöopathischen Denkweise und liegen auf derselben energetischen Wirkungsebene wie die Homöopathie.

Grundlegend ist dabei der Gedanke, dass mit jeder körperlichen Krankheit bestimmte seelische Gemütszustände einhergehen bzw., dass bestimmte Krankheiten ihren Ursprung im seelischen Befinden haben. Deshalb können körperliche Symptome auf eine Erkrankung der Seele hinweisen.

Dr. Bach entwickelte aus bestimmten Blüten und Blättern Essenzen, die auf verschiedene psychische Verfassungen einwirken. Bachblüten sind in der Lage, die Selbstheilungskräfte und die Lebenskraft anzuregen und zu harmonisieren.
Sie werden beim Hund immer dann eingesetzt, wenn er aus dem Gleichgewicht ist oder auffällige Verhaltensweisen zeigt (Angst, Aggression usw.) oder sich in einer für ihn belastenden Situation befindet oder befunden hat (Tierheim, Besitzerwechsel usw.).

Bei Krankheiten helfen Bachblüten, den Hund zu harmonisieren, eine negative psychische Grundstimmung zu bessern und den Willen zum Gesundwerden zu stärken bzw. zu helfen, die gegenwärtige Situation (Schwäche, Schmerzen usw.) besser zu ertragen.
Bachblüten werden immer ergänzend zu allopathischen oder naturheilkundlichen Therapie eingesetzt.

2.7.1. Dosierung und Einnahme
- Bachblüten werden in der Regel verdünnt, 2 Tropfen auf 10 ml Wasser, davon gibt man 3-4 mal täglich 4 Tropfen.

- In akuten Fällen gibt man Bachblüten aber häufiger, bis hin zu fünfminütigem Abstand. Es hat sich hier auch bewährt, weniger stark zu verdünnen bzw. die Bachblüten pur einzugeben.

- Rescuetropfen (Notfalltropfen) gibt man wenig verdünnt bzw. pur, dafür aber nur für die erste akute Situation oder höchstens 1-2 Tage lang.

- Für Umschläge gibt man 6 Tropfen (bei Mischungen je Bachblüte) auf ½ l Wasser.

Immer mit zu beachten: Anlagebedingte Krankheiten/Konstitution

Anlagebedingte Krankheiten sind Krankheiten, die der Hund bereits aus der Erbmasse mitbringt. Sie wirken von der Geburt bis zum Tod und können Krankheiten und deren Verlauf mitbestimmen.

Liegt eine Krankheit aufgrund einer Erbmasse vor, so kann diese durch eine schulmedizinische, aber auch alternative Therapie nur an der Oberfläche behandelt oder gemildert werden, nie wird jedoch die Grunderkrankung erreicht. Die Erbmasse eines Hundes kann man an seiner Krankheitsgeschichte und seinem Verhalten erkennen, sehr hilfreich ist es dabei, die innerhalb seiner Zuchtlinie vermehrt auftretenden Krankheiten zu kennen (Siehe auch »Hündin/Trächtigkeit«, S. 102).

Konstitution ist die Summe aller körperlichen und seelischen Merkmale, das Charakteristische, das einen Hund vom anderen unterscheidet. Also seine Größe, Dicke, Fellfarbe und Fellbeschaffenheit, sein Temperament usw.

Zwei Hunde einer gleichen Rasse, auch Wurfgeschwister, können sehr verschieden sein. Der eine ist z.B. schlank, beim Fressen wählerisch, ängstlich und hat seidiges Fell, der andere dagegen korpulent und verfressen und sein Fell ist eher fest. Diese Faktoren kann man bei der Mittelwahl berücksichtigen, ganz entscheidend sind sie aber für die Wahl des richtigen Konstitutionsmittels.

Die Konstitution kann von Geburt an bestehen, sie kann sich im Laufe des Lebens durch eine Krankheit oder ein Ereignis aber auch verändern. Zum Beispiel kann ein Hund durch einen Autounfall ängstlich und schreckhaft werden, nach einer Krankheit generell krankheitsanfälliger oder körperlich empfindlicher sein oder nach einer Rauferei Angst vor anderen Hunden haben oder aber aggressiv werden.

Immer, wenn sich ein Hund im Laufe seines Lebens in körperlicher oder psychischer Hinsicht negativ verändert, ist ein Konstitutionsmittel (oder mehrere) angebracht.

Mehr zum Thema Erbmassen- und Konstitutionsmittel lesen Sie in dem Buch *Naturheilpraxis für Hunde* von Gaby Haag (Kynos Verlag) auf den Seiten 26-35, 40-46 und 51-63 .

3. Allgemeine Symptome

In diesem Kapitel sind allgemeine Symptome aufgelistet, die bei jeder Krankheit zu beachten sind. Also z.B. die Art der Absonderung bei Schnupfen, aber auch bei Scheidenausfluss. Man kann das entsprechende Mittel zusätzlich zu den jeweiligen Organ- oder Krankheitsmitteln geben.

3.1. Abmagerung

	Hauptmittel: • *St8/Iso*
-Kein Appetit *(siehe Appetitlosigkeit)*	Zusätzlich:
-bei vorhandenem Appetit *(Schilddrüse beachten!)*	• *SpongiaD4* • *Natrium chloratum; Calcium sulfuratum;* *Kalium arsenicum*
-bei Neigung zu Magerkeit	• *Lycopodium D4; Nux vomica D4; Phosphor (C30 1 x* *wöchentlich 3 Glob.)* • *Calcium phosphoricum*
-nach Unterernährung	• *Silicea*
-bei Durchfall	• *Abrotanum D3; China D4*

3.2. Absonderungen

Betrifft alle Ausscheidungen, ob Schleim, Ausfluss, Tränenflüssigkeit, Ohrenschmalz, Hautausschlag usw. Die Art der Ausscheidung weist darauf hin, welches Schüssler Salz zusätzlich gegeben werden sollte.

-ätzend	• *Calcium fluoratum; Kalium phosphoricum;* *Natrium chloratum*
-blutig	• *Ferrum phosphoricum; Kalium phosphoricum*
-eitrig	• *Silicea; Calcium sulfuricum (dicker, gelber Eiter)*
-Eiweiß enthaltend *(z.B. Urin)*	• *Calcium phosphoricum*
-fettig/rahmig	• *Natrium phosphoricum*
-gelblich/weiß	• *Calcium phosphoricum*
-gelblich/schleimig	• *Kalium sulfuricum*
-honiggelb	• *Natrium phosphoricum*
-milchig weiß	• *Kalium chloratum*
-krustig	• *Calcium phosphoricum; Calcium sulfuricum*
-scharf riechend	• *Kalium phosphoricum*
-salzig	• *Natrium chloratum*
-sauer riechend	• *Natrium phosphoricum*
-wässrig	• *Natrium chloratum*

3.3. Allgemeine Schwäche / Rekonvaleszenz, Erschöpfung

Siehe auch Nervensystem S.70 und Bewegungsapparat, S. 29

Allgemeine Schwäche/ Rekonvaleszenz, Erschöpfung	Hauptmittel: • *Barium carbonicum D6 (Kräfteverfall); Stannum D6* • *Ad3/Iso + Lf2/Iso + St1/Iso + Rhododendron cp Fluid/Iso* • *Infi China Inj. Amp. (zu trinken geben)* • *Magnesium phosphoricum; Kalium arsenicum; Lithium chloratum; Manganum sulfuricum D12; Iso Bicomplex Nr. 18 (5 x tägl. 1 Tabl.)* • *Brennnesselsamen (1-2 El. tgl. über das Futter streuen)*
	Zusätzlich:
-zur Stärkung der Abwehr nach Operation	• *Iso Bicomplex Nr. 21*
-Stärkung des Immunsystems in der Rekonvaleszenz und nach Infektionen	• *China D6* • *Natrium sulfuricum; Iso Bicomplex Nr. 2 und 4*
-mit Appetitlosigkeit *(siehe Appetitlosigkeit)*	• *Antimonium tartaricum D6 (Abzehrung mit Fressunlust)*
-nach Säfteverlust (Blut, Durchfall usw.)	• *China D6*
-Steigerung der Leistungsfähigkeit	• *Iso Bicomplex Nr. 2 und 4*

3.4. Appetitlosigkeit

Bauchspeicheldrüse und Milz beachten! Siehe auch Magen / Appetit, S. 61 - 62

	Hauptmittel: • *Antimonium tartaricum D6; Abrotanum D3 + Calcium phosphoricum D6 (3 Wochen lang)* • *Kalium chloratum; Kalium sulfuricum*
	Zusätzlich:
-aus Nervosität	• *Chamomilla C30*
-aus Kummer	• *Acidum phosphoricum D4; Ignatia C30 (1 x tgl.); Natrium chloratum D200 (1 x tgl.)*
-nach Krankheit	• *China D4; Magnesium carbonicum D6* • *Ferrum phosphoricum*
-im Alter	• *Kalium jodatum*

3.5. Appetit, pervers

(Hund ist gierig auf Dinge, die sich nicht zum Fressen eignen oder süchtig nach bestimmten Nahrungsmitteln)

-Aas	•*Acidum hydrofluoricum D6 (eventuell Hinweis auf zu hohen Eiweißgehalt des Futters)*
-Eier, roh	•*Calcium carbonicum C30 (1 x wöchentlich)* •*Calcium carbonicum*
-Erde	•*Ferrum metallicum D6; Acidum nitricum D6; Alumina D6;* •*Calcium carbonicum*
-Fleisch	•*Magnesium carbonicum D6*
-Fisch	•*Natrium chloratum*
-Gras (ohne Erbrechen)	•*Silicea D12*
-Haare	•*Natrium chloratum D8*
-Holz	•*Ignatia C30; Calcium phosphoricum C30 1 x wöchentlich* •*Calcium phosphoricum*
-Kalk	•*Acidum nitricum D6* •*Calcium carbonicum; Calcium phosphoricum*
-Kartoffeln (roh)	•*Calcium carbonicum C30 2 x wöchentlich* •*Calcium carbonicum*
-Kieselsteine	•*Lycopodium C30 1 x tgl.; Nux vomica D200 1 x wöchentlich*
-Kot (eigener)	•*Veratrum album D4 (eventuell Hinweis auf Bauchspeicheldrüsenunterfunktion)*
-Kot (anderer Hunde)	•*Carbo vegetabilis D6; Nux vomica D6; Acidum nitricum D6; Cicuta virosa C30 1 x wöchentlich* •*Calcium fluoratum; Calcium phosphoricum; Calcium carbonicum*
-Lehm	•*Calcium carbonicum*
-Papier, Papiertaschentücher	•*Calcium phosphoricum C30 1 x wöchentlich* •*Calcium phosphoricum*
-Plastik	•*Ignatia C30*
-Salz	•*Natrium chloratum D12*
-Sand	•*Ferrum metallicum D6; Silicea C30 1 x wöchentlich* •*Ferrum phosphoricum*

-Unverdauliches	•*Alumina D6; Acidum nitricum D6*
-Verdorbenes Futter	•*Nux vomica D6*
-Wände (kratzt und leckt Wände ab)	•*Magnesium carbonicum D6*

3.6. Durst

-großer Durst (*Bauchspeicheldrüse beachten*)	•*Natrium chloratum D200* •*Natrium sulfuricum*
-trinkt viel auf einmal	•*Bryonia D3; Sulfur D4* •*Calcium carbonicum*
-trinkt oft, aber nur wenig	•*Lycopodium D4*
-trinkt nachts häufig	•*Phosphor C30*
-fehlendes Durstgefühl	•*Natrium chloratum*
-trinkt wenig	•*Pulsatilla D4; Hyoscyamus D4; Stramonium D12*

3.7. Entzündungen aller Art
Siehe auch Abwehrsystem, S. 18 und Lymphsystem, S. 60

	Hauptmittel: •*Lachesis D8 (Fiebermittel, erhöht die Leukozytenzahl, Ausscheidung von Bakteriengiften usw.)* •*Ad1/Iso + Fb1/Iso + W1/Iso + Lf1/Iso + Capsella cp Fluid/Iso*

-bei jeder Entzündung, (z.B. Mandelentzündung, Blasenentzündung, Furunkel, entzündete Wunden, entzündlicher Hautausschlag usw.)	•*Spenglersan G Sprühflasche*
	   -1. lokal anwenden, (z.B. bei Ohrenentzündung ins Ohr sprühen, bei Hautentzündung auf Haut oder Mandelentzündung in das Maul, usw.);
	
	   -2. zur Stärkung der Abwehrkraft bei jeder Entzündung an einer Stelle mit wenig Fell (Leiste, Achsel, Bauch etc.) aufsprühen und gut einreiben;
	
	   -3. zur Stärkung des lymphatischen Rachenrings ins Maul bzw. auf die Zunge sprühen;

●*Derivatio H Tabl.; Echinest 160 Tabl.; Hanotoxin N Tabl.; Infi Lachesis Inj. N Amp.; Infi Lymphect N Tabl.; Pyrogenium comp Hanosan Amp.; Toxiloges Tabl.; Calcium carbonicum*

1. Phase der Entzündung (1.–2. Tag)	●*Ferrum phosphoricum*
2. Phase der Entzündung (3.–4. Tag)	●*Kalium chloratum*
3. Phase der Entzündung (Wiederherstellung oder Ausheilung verzögert sich)	●*Kalium sulfuricum; Iso Bicomplex Nr. 5*

Zusätzlich:

Bei chronischen Entzündungen

●*Sulfur D4, 14 Tage lang 3 x tgl.*
●*Ad2/Iso + Lf2/Iso + Populus cp Fluid/Iso*
●*Spenglersan K Sprühflasche; gleiche Anwendung wie Spenglersan G*
●*Natrium phosphoricum; Calcium sulfuricum; Iso Bicomplex Nr. 6*
●*Süßholz (entzündungshemmend, kortisonähnliche Wirkung) 15 Minuten in Wasser kochen, abseihen, als Tee schluckweise geben*

-bei Lymphstau

●*Phytolacca D12*
●*Natrium phosphoricum, Natrium sulfuricum*

-mit hartnäckigen Eiterungen aller Art

●*Hepar sulfuris D6*
●*Calcium sulfuricum D12*

-mit Geschwüren

●*Iso Bicomplex Nr. 14*

-mit Fieber

●*Iso Bicomplex Nr. 6*

3.8. Fettsucht / vermehrter Appetit

Stoffwechsel beachten!

Hauptmittel:
- *Antimonium crudum D4; Barium carbonicum D6;Fucus vesiculosus Urtinktur*
- *Gw8/Iso + St6/Iso + W1/Iso, je 3 x tgl. 5 Glob. + K1/Iso abends 1 x 7 Glob.*
- *Calcium phosphoricum + Natrium sulfuricum im tgl. Wechsel mit Natrium chloratum + Natrium phosphoricum, (je 5 x tgl. 1 Tabl, über mehrere Wochen oder Monate geben), Natrium bicarbonicum*

3.9. Krankheit ausgelöst durch:

-Erkältung
- *Dulcamara D4*

-Nässe
- *Aconitum D6 + Nux vomica D6 im Anfangsstadium ¼ stdl. wechselnd geben; Allium cepa D4; Dulcamara D4; Rhus toxicondendron D8*

-Eifersucht
- *Acidum phosphoricum D4 (kurz zurückliegend)*

-Kummer / Sorgen
- *Acidum phosphoricum D4 (kurz zurückliegend); Ambra D3; Ignatia C30 (kurz und lang zurückliegend)*

-Trauer / Heimweh
- *Ignatia C30*

-Überanstrengung
(siehe Notfall)

-Schock / Schreck
- *Opium C30 einmalige Gabe 5 Glob.*

-Fertigfutter
- *Natrium chloratum*

4. Krankheiten nach Funktionskreisen / Organsystemen

4.1. Abwehrsystem

Siehe auch Stoffwechsel/Entgiftung S. 89 und Lymphsystem S. 60. Das entsprechende Konstitutionsmittel des Hundes stärkt und stabilisiert allgemein seine Abwehrkraft.

4.1.1. Allgemein abwehrkraftsteigernd

Hauptmittel
- *Lachesis D8 (bei erhöhter Leukozytenzahl im Blut, Überschwemmung des Körpers mit Giftstoffen wie Bakteriengiften usw.; Pyrogenium D6 (»Antibiotikaersatz«)*
- *Lf1/Iso + W1/Iso + Fb1/Iso (Aktivierung der körpereigenen Abwehr, Reinigung des Lymphsystems)*
- *Echinest 160 Tabl.; Hanotoxin N Tabl.; Hevertotox Tabl.; Infi Lachesis Inj. N Amp.; Infi Lymphect N Tabl.; Pyrogenium comp. Hanosan Amp.; Spenglersan G Sprühfl. (Anwendung siehe Allgemein / Entzündungen aller Art); Toxaprevent pur Kaps. (Giftbindung im Darm); Toxiloges Tabl.; Tymowied N Drag. (1 x tgl. 1 Drag. vor dem Fressen)*
- *Kalium chloratum; Kalium phosphoricum; Kalium sulfuricum; Natrium phosphoricum; Iso Bicomplex Nr. 4*
- *Brennnessel, Brombeerblätter; Erdbeerblätter; Fenchelsamen; Holunderblüten; Johanniskraut; Lindenblüten; Melisse; Schachtelhalm; Schafgarbe; Stiefmütterchen*
- *Centaury; Crab Apple; Hornbeam; Larch; Walnut; Wild Rose*

-Abwehrkraft der oberen Luftwege *(siehe Atemwege)*
- *Champhora D1; Okoubaka D4*

-in der Rekonvaleszenz *(siehe Allgemeine Schwäche)*
- *China D4,*
- *Calcium fluoratum; Natrium sulfuricum; Iso Bicomplex Nr. 2,*
- *Olive, Wild Oat*

-nach überwundener Infektionen
- *Sulfur D6 zur Wiederherstellung der Immunkraft*
- *Olive*

-Erkältungsneigung
- *Camphora D1; Okoubaka D4*
- *Calcium phosphoricum; Kalium chloratum; Silicea*

-nach Erkältung	•*Kalium sulfuricum*
-nach Antibiotika *(siehe Stoffwechsel / Entgiftung)*	•*Iso Bicomplex Nr. 24*
-nach Operationen	•*Calcium phosphoricum; Natrium chloratum; Iso Bicomplex Nr. 24* •*Olive*
-geschwächt durch Stress *(siehe Nervensystem)*	•*Kalium phosphoricum* •*Elm*

4.1.2 Allergie

Hauptmittel:
- •*Formica rufa D6 (Umstimmung über histaminähnliche Hormonwirkung); Histaminum hydrochloricum D10*
- •*Fb1/Iso + St10/Iso + Gw11/Iso*
- •*Antimonium-Arsenicosum M Komplex Hanosan Tabl.; 24 Calcerea carbonica comp Tabl.; Pyrogenium comp Hanosan Amp.; Froximun Toxaprevent akut Kaps. (auch Nahrungsmittelunverträglichkeiten); Spenglersan K (Anwendung siehe Allgemein/Entzündung aller Art unter Spenglersan G)*
- •*Calcium phosphoricum; Ferrum phosphoricum; Kalium chloratum; Kalium sulfuricum; Natrium chloratum; Natrium sulfuricum; Iso Bicomplex Nr. 4*
- •*Süßholzwurzel*
- •*Impatiens; Mimulus; Holly; Rock Rose (allerg. Schock); Walnut*

-Verbesserung der Blut- und Säftequalität
(s. Blut und Lymphsystem)

-Vorbeugung

Zusätzlich:
- •*Calcium carbonicum D200 1 x monatlich, gegen die Allergiebereitschaft; Formica rufa C30 14 tägig 1 x 5 Glob. 1 Monat vor der Allergiezeit, bis diese Zeit vorbei ist.*

-Allergie durch Vererbung
(Erbmasse/ Konstitution beachten)

- •*Kn1/Iso abends 5 -7 Glob.*
- •*Iso Bicomplex Nr. 23*

-Förderung der Hautatmung und der abdominalen Organisation *(s. Haut und Darm)*

- •*St10/Iso*

-Regulation der Drüsen

- •*Gw11/Iso*

-mit Schwellung (Nasen-schleimhaut, Haut usw.)	•*Apis D4 (histaminähnliche Hormonwirkung)*
-Pollenallergie, Heuschnupfen	•*Natrium chloratum; Arsenum jodatum D12; Pollen D10*
-Hausstaubmilbenallergie	•*Hausstaubmilbe D20*

4.2. Atemwege
s.a. Allgemein / Absonderungen, S.12

4.2.1. Allgemein stärkend und schleimlösend

	•*Cinnabaris D6 + Hydrastis D6 + Kalium bichromicum D6 + Luffa D6; Ammonium carbonicum D4 (schwer abhust-bar); Ipecacuana D4 (grob rasselnd); Tartarus emeticus D4 (feinrasselnd)* •*Br5/Iso* •*Calcium sulfuricum (weiß-gelbes Sekret); Iso Bicomplex Nr. 21* •*Anis; Eibisch; Fenchel; Holunderblüten; Isländisch Moos; Kamille; Kreuzblume; Lavendelblüten; Lungenkraut; Schlüsselblume; Spitzwegerich; Wasserdost; Zinnkraut* •*Crab Apple*
	Inhalieren mit: •*Spenglersan G Sprühflasche, 10 Sprühstöße in das Inhala-tionswasser* •*Heublumen; Kamille; Lavendel; Lungenkraut; Schlüssel-blume*
-Schleim, *(s.a. Allgemein / Absonde-rungen)*	
-weißlich -grünlich -gelblich, dick -gelblich grün -gelblich braun	•*Kalium chloratum* •*Natrium sulfuricum* •*Calcium sulfuricum* •*Natrium sulfuricum* •*Kalium sulfuricum*
-Kräftigung der Atemwege im Winter	•*Teucrium marum verum D4 6 Wochen lang, danach Grinde-lia robusta D3 6 Wochen lang*
-nach Erkältungskrankheiten	•*Kalium sulfuricum*
-mit Verlust des Geruchssinns	•*Zincum D8*

4.2.2. Asthma

Hauptmittel
- *Acidum hydrocyanicum D3*
- *Antimonium-Arsenicosum M Tabl.; Bronchikatt Tabl.*
- *Natrium chloratum; Kalium chloratum; Arsenicum jodatum; Kalium arsenicosum; Kalium bromatum; Iso Bicomplex Nr. 5*

-chronisch
- *Kalium sulfuricum; Natrium sulfuricum*

-spastische, krampfartige Zustände
- *Aralia racemosa D4; Coccus cacti D4; Corralium rubrum D4; Cuprum metallicum D200 1 x monatlich 5 Glob.; Ipecacuana D4; Zincum valerianicum C30*
- *Fb1/Iso + Br3/Iso*

-schleimig
- *Br2/Iso*

-viel Schleim
- *St3/Iso*

-Lungenstärkung
- *Br5/Iso*

-nervös bedingt
- *Ambra D3; Argentum nitricum D12; Chamomilla C30; Ignatia C30; Mephitis putorius D3*
- *Br4/Iso*
- *Kalium bromatum; Kalium phosphoricum; Magnesium phosphoricum*

-bei feuchtem Wetter schlimmer
- *Ammonium carbonicum D4; Dulcamara C30; Thuja D4*
- *Natrium sulfuricum*

-Anfälle abends und nachts
- *Lobelia D3 alle 15 Min. 10 Glob.*
- *Kalium sulfuricum*

-Anfälle nur nachts
- *Lobelia D3; Kalium carbonicum D6; Spongia D3*
  - *-vor Mitternacht Aconitum C30*
  - *-nach Mitternacht Arsenicum album C30*

-bei Welpen
- *Calcium phosphoricum*

-bei alten Hunden
- *Senega D3*

4.2.3 Bronchitis

Hauptmittel
- *Kalium bichromicum D4; Phosphor C30*
- *Br1 + Lf1 + Gw12 je 3 x tgl. 5 Glob.*
- *Antimonium-Arsenicosum M Tabl.; Aralis Hustentabl.; Bronchikatt Tabl.; Bronchi/Plantago Glob.; Drosera Komplex Hanosan; Pulmo Hevert Tabl.*

-akut, entzündlich, Fieber	• *Br9/Iso* • *Calcium sulfuricum; Silicea*
-chronisch	• *Br6/Iso + Fb1/Iso + St10/Iso* • *Kalium chloratum; Kalium sulfuricum; Manganum sulfuricum*
-Krampfhusten	• *Belladonna D6* • *Br4/Iso* • *Magnesium phosphoricum alle 5 Min. 1 Tabl.* • *Centaury*
-trockener Reizhusten	• *Bryonia D6; Coccus cacti D4; Drosera D3* • *Br3/Iso + Fb1/Iso* • *Iso Bicomplex Nr. 4* • *Centaury*
-zäher Schleim, Neigung zu Spasmen	• *Coccus cacti D4* • *Br2/Iso + Gw2/Iso*
-eitrig	• *Br7/Iso*

4.2.4. Husten

-akut	• *Antimonium-Arsenicosum M Tabl.; Aralis Hustentabl.; Bronchikatt Tabl.; Drosera-Komplex Hanosan; Pflügerplex Pertussis 320 H Tabl.; Pulmo Hevert Tabl.; Sinusitis Hevert Sl Tabl.* • *Kalium arsenicosum D12; Kalium bromatum*
-chronisch	• *Acidum hydrocyanicum D4; Drosera D2*
-trocken	• *Belladonna D6; Rumex crispus D6* • *Archangelica comp. Glob.;* • *Natrium chloratum*
-mit Verschleimung	• *Drosera D3* • *Br1/Iso* • *Bronchi/Plantago comp Glob.* • *Calcium sulfuricum*
-mit zähem, schwer löslichem Schleim	• *Br2/Iso* • *Kalium chloratum ½ stdl. 1 Tabl.*
-starke Hustenanfälle	• *Ipecacuana D6* • *Magnesium phosphoricum in der Nacht;* *Natrium chloratum* • *Centaury*

-Krampfhusten	• *Belladonna D6; Ipecacuana D4* • *Kalium sulfuricum; Iso Bicomplex Nr. 5*
-eitrig	• *Kalium sulfuricum ½ stdl. 1 Tabl.*
-bei Welpen	• *Br3/Iso + St 10/Iso* • *Calcium carbonicum; Iso Bicomplex Nr. 4*
-nervös bedingt *(s.a. Nervensystem und Psychische Probleme)*	• *Cocculus D6* • *Br4/Iso*
-Zwingerhusten	• *Bryonia D6; Coccus cacti D4; Drosera D3* • *Br3/Iso + Fb1/Iso* • *Ferrum phosphoricum im ¼ stdl. Wechsel mit Magnesium phosphoricum je 2 Tabl.; Kalium phosphoricum bei Schwäche; Iso Bicomplex Nr. 5* • *Centaury*

4.2.5. Lungenentzündung

	• *Aconitum D4; Antimonium tartaricum D6; Bryonia D6 im stdl. Wechsel mit Phosphor C30; Cuprum aceticum D6; Pyrogenium C30 3 x je 5 Glob. im Abstand von 2 Stunden; Lachesis D8* • *Ad1/Iso + Fb1/Iso + Br7/Iso + Gw12/Iso* • *Iso Bicomplex Nr. 21*

4.2.6. Nasennebenhöhlenentzündung
s.a. Atemwege / Allgemein S. 20 und Allgemein / Entzündung S. 15

-chronisch	• *Sulfur D4; Thuja D4* • *Silicea*
-eitrig	• *Hepar sulfuris D6*
-Stockschnupfen	• *Nuc vomica D6*
-mit Augentränen	• *Euphrasia D3*

4.2.7. Schnupfen
siehe Atemwege / Hauptmittel, S.20

-akut	• *Ferrum phosphoricum ¼ stdl.; Kalium jodatum; Kalium bromatum; Kalium arsenicosum*
-chronisch	• *Silicea D12 6x tgl.; Natrium chloratum ½ stdl.*

-mit häufigem Niesen	•*Magnesium phosphoricum ¼ stdl.*
-verstopfte Nase	•*Kalium sulfuricum + Silicea stdl.*
-beim Welpen	•*Natrium chloratum + Kalium phosphoricum*

4.3. Augen

4.3.1. Allgemein
Leber- und Nierenstoffwechsel beachten! S.a. Allgemein / Entzündung, S. 15

Achtung: Bei allen Augen-spülungen nur körperwarme Flüssigkeiten verwenden! Kräutertees durch Kaffeefilter abseihen, damit keine Kräuter-teile in den Absud gelangen.	•*Sulfur D6 (Reaktionsmittel, alle chronischen Augenentzün-dungen)* •*St12/Iso Augenmittel (stärkt gesamten Stoffwechsel des Auges; alle Entzündungen)* •*Chelidonium comp Augentropfen von Wala; Echinacea/Quarz comp Augentropfen (Augen entzünden sich leicht)*
-Augenspülung oder Kom-presse für alle Augener-krankungen, außer Verlet-zungen am Auge	•*Augentrost; Eibisch; Gänseblümchen; Raute oder Rote Rose (Blütenblätter); Ringelblume; Salbei; Schafgarbe; Spitzwegerich*
-Kompresse für alle Augen-erkrankungen	•*Agrimony; Centaury; Mustard; Wild Oat oder* •*Crab Apple + Holly + Impatiens; je 1 Tropfen auf ½ Tasse Wasser*
-wiederkehrende Augenent-zündung	•*Argentum nitricum D6; Cannabis D6* •*Conjunctiva comp. Glob.*
-Augenentzündung Welpe	•*Aethusa D4; Aurum D8*
-lichtscheu	•*Belladonna D6 (mit starker Rötung); Conium D4; Euphrasia D4; Stramonium D12* •*Calcium fluoratum; Natrium phosphoricum; Iso Bicomplex Nr. 2*
-Tränenfluss, vermehrter *(s.a. Allgemein / Absonde-rungen)*	•*Aconitum D6 (von kaltem Wind, Anfangsstadium); Agaricus D4; Ledum D4; Euphrasia D4; Pulsatilla D6; Staphisagria D6* •*Chelidonium comp. Augentropfen* •*Natrium chloratum (chronisch, schmerzhaft)*
-Triefauge	•*Spigelia D4*
-milde Tränen	•*Cepa D4*

-wundmachende Tränen	• *Euphrasia D3; Sabadilla D4*
-Tränenfluss vermindert, Auge zu trocken	• *Kalium bichromicum D8* • *Chelidonium comp. Augentropfen* • *Iso Bicomplex Nr. 23*
-Netzhauterkrankungen	• *Kalium chloratum*
-mit Hornhautbeteiligung / Hornhauttrübung	• *Aethiops antimonialis D4; Calcium carbonicum D10; Cannabis sativa D6; Ledum D6* • *Cornea Levisticum comp. Augentropfen; Hornerz Corpus vitreum comp Augentropfen*
-Altersstar	• *Causticum D6* • *Cornea Levisticum comp. Augentropfen; Iris Lens comp Augentropfen* • *Iso Bicomplex Nr. 3*
-Grüner Star	• *Belladonna D6; Gelsemium D6* • *Kalium phosphoricum; Magnesium phosphoricum; Silicea; Iso Bicomplex Nr. 3* • *Cherry Plum*
-Grauer Star	• *Antimonium trataricum D6 (mit wiederkehrenden Entzündungen); Cannabis D6* • *Cornea Levisticum comp. Augentropfen; Hornerz Corpus vitreum comp. Augentropfen* • *Calcium fluoratum; Natrium chloratum; Silicea; Iso Bicomplex Nr. 3* • *Crab Apple*
-Sehschwäche	• *Iris lens comp. Augentropfen* • *Calcium fluoratum; Kalium phosphoricum D6; Silicea D12; Natrium chloratum D6 (mit Augentränen) 6 x tgl.; Kalium jodatum*

4.3.2. Bindehautentzündung

Siehe Allgemein / Entzündung, S.15

-akut	• *Allium cepa D3; Argentum nitricum D6; Cineraria maritima D6; Conium D4; Euphrasia D4; Pulsatilla D6 (gelbliche Absonderung)* • *Gw12/Iso + St12/Iso + Fb1/Iso* • *Conjunctiva comp. Glob.; Euphrasia Augentropfen von Wala* • *Calcium fluoratum; Natrium chloratum ¼ stdl. 1 Tabl.; Natrium sulfuricum; Silicea* *Kompresse:* • *3 Tropfen Walnussbaumblätter-Tinktur mit ¼ l Wasser vermischen, auch bei Nickhautentzündung*

Augentropfen:
- *Augentrost; Himbeerblätter; Löwenzahnblüten; Tormentillwurzel; Walnussblätter; 1 geh. Tl. dieser Mischung mit 1 Tasse kochendem Wasser übergießen, 10 Minuten ziehen lassen. Durch einen Kaffeefilter abseihen. Mehrmals täglich den zimmerwarmen Tee in die Augen träufeln; oder Arnikablüten, Augentrost, Fenchel, Spitzwegerich dieselbe Anwendung wie oben*

-eitrig

- *Hepar sulfuris D8*
- *Ferrum phosphoricum; Silicea (Eiter dick, gelb)*

-chronisch eitrig

- *Aethiops D6; Sulfur D4*
- *Iso Bicomplex Nr. 4*

-mit Schwellung

- *Apis D4*

-mit viel Juckreiz

- *Euphorbium D4*

-mit starkem Tränenfluss und Lichtempfindlichkeit

- *Kalium chloratum*

-allergisch

- *Euphorbium D4*
- *Echinacea Quarz comp Augentropfen*

4.3.3. Gerstenkorn

- *Hepar sulfuris D8; Pulsatilla D6; Staphisagria D6;*
- *Kalium chloratum; Natrium phosphoricum; Silicea; Iso Bicomplex Nr. 3 + 11*
- *Crab Apple innerlich und als Kompresse*
- *Kräutermischung innerlich: 30 g Birkenblätter; 10 g Enzianwurzel; 30 g Erdrauch; 30 g Sandseggewurzeln, Kompresse: Tee aus Augentrost; Zinnkraut; Eibisch; Goldrute*

4.3.4. Hornhautentzündung

Siehe auch Allgemein / Entzündung, S. 15

- *Argentum nitricum D6, Belladonna D6, Conium D4, Kalium bichromicum D6; Hepar sulfuris D8 (eitrig); Kalium bichromicum D8 (mit Geschwür)*

4.3.5. Hornhautverletzung

- *Belladonna D6; Euphrasia D4; Staphisagria D6; Conium D4 (bei Narben auf der Hornhaut)*
- *Ad1 D10/Iso + Fb1 D10/Iso; je 5 Glob. in 1/8 l Wasser; tagsüber schluckweise + St12/Iso; 3 x 5 Glob.*
- *Cornea Levisticum Augentropfen (auch bei Narben)*

4.3.6. Lid

-Schwellung
- *Apis D4*
- *Natrium sulfuricum, Kalium chloratum*

-Lidrandentzündung
- *Spigelia D3 (mit Tränenfluss)*
- *Echinacea Augentropfen/Wala,*
- *Calcium sulfuricum, Natrium phosphoricum (verklebte Lider) 5 x tgl.; Silicea (vereiterte Lidkrusten); Iso Bicomplex Nr. 4*
- *Kompresse (siehe Gerstenkorn)*

-Geschwulst
  -Oberlid
  -Unterlid
- *Ignatia D8, Sepia D12*
- *Kalium carbonicum D6*
- *Apis D4*

4.4. Bauchspeicheldrüse
Immer auch Leber beachten!

4.4.1. Allgemein

Hauptmittel
- *Acidum phosphoricum D6; Chionanthus D6; Horanga D3*
- *St9/Iso + Viscum album cp Fluid S*
- *Barium/Pancreas comp Glob.; HanoPancrean M Tabl.; Pascopankreat Tabl.*
- *Kalium sulfuricum; Magnesium phosphoricum; Natrium sulfuricum; Natrium bicarbonicum*
- *Brennnessel*
- *Cerato; Gorse; Wild Oat*

4.4.2. Diabetes
S.a. Bauchspeicheldrüse / Hauptmittel S. 27

Hauptmittel
- *Galega officinalis D3; Natrium chloratum D200 alle 4 Wochen 1 x 5 Glob.; Syzygium jambolanum D2 + Acidum sulfuricum D8*

	• *Gw8/Iso (Erhalt des Restfunktionsgewebes) + Kn1/Iso + Ad3/Iso + Lf1/Iso* • *Magnesium phosphoricum; Natrium chloratum; Natrium bicarbonicum; Natrium sulfuricum*
-blutzuckersenkend	• *Datisca cannabina D3* • *Heidelbeerblätter; Holunderblüten; Brunnenkresse; Brennnessel; Mistel*
-Anregung der insulin- produzierenden Zellen	• *Bohnenschalen; Heidelbeerblätter; Geißrauteblätter; Griechisches Heu (Samen); Salbeiblätter*
-im Alter	Zusätzlich • *Datisca cannabina D3*
-bei Welpen	• *Acidum phosphoricum D4 6 Wochen lang, danach Acidum lacticum D6, ebenfalls 6 Wochen*
-durch Angst	• *Aspen oder Mimulus;* *Rock Rose (Zuckeranstieg bei Stress, Schock)*

4.4.3 Entzündung

S.a. Bauchspeicheldrüse / Hauptmittel, S. 27 und Schwäche, S. 13, Allgemein / Entzündung, S. 15

	Hauptmittel • *Carbo vegetabilis D6 (auch mit Durchfall); Eichhornia D2; Hedera Helix D4; Horanga D3; Iris versicolor D3; Leptandra D3; Podophyllum D6* • *St7/Iso tgl. wechselnd mit St5/Iso + Fb1/Iso + St10/Iso + Gw8/Iso + Capsella cp Fluid (bei Infektion) oder Sambucus cp Fluid (zur Entkrampfung)* • *Kalium sulfuricum* • *Angelikawurzel; Enzianwurzel; Faulbaumrinde; Horangabaumrinde; Klette; Löwenzahnwurzel; Mariendistelsamen; Odermenning; Schafgarbe; Tausendgüldenkrautwurzel; Veilchenwurzel; Wegwartewurzel; Wermutkraut; Echter Ziest* • *Honeysuckle; Holly; Vine*
-chronisch	Zusätzlich • *Horanga D6* • *Calcium fluoratum; Kalium chloratum*
-zur Nachbehandlung	• *China D4 4 Wochen lang;* *danach Phosphor C30 1 x wöchentlich 4 Glob.*

4.4.4. Schwäche

Hauptmittel
- *China D4; Eichhornia D2; Horanga D3 (vermehrte Produktion von Verdauungsenzymen); Mandragora D4; Natrium carbonicum D6 (mit Blähungen); Magnesium carbonicum D6; Nux vomica D6 (mit Blähungen, Durchfall)*
- *Gw8/Iso + Gw5/Iso + Populus cp Fluid*
- *Barium/Pankreas comp Glob.; HanoPancrean M Tabl.; Pascopankreat Tabl.; Enzym Harongan (Enzyme bei Verdauungsschwäche infolge Sekretionsstörung der Bauchspeicheldrüse)*
- *Iso Bicomplex Nr. 24*
- *Horangabaumrinde*

Zusätzlich

-Anregung der Eiweißverdauung
- *Anis;Dill; Fenchel; Kerbel; Koriander; Kümmel; Muskatblüte; Petersilie*

-Anregung der Fettverdauung
- *Alantwurzel; Beifuß; Bohnenkraut; Estragon; Rosmarin; Salbei; Thymian*

4.5. Bewegungsapparat

4.5.1. Allgemein

Hauptmittel
- *Acidum hydrofluoricum D4 morgens + Silicea D12 mittags + Calcium carbonicum D8 abends; Hekla lava D4; Symphytum D1-D4 (knochenspezifische Heilwirkung »Arnica des Knochens«); Thallium metallicum D8 (kräftigt Knochen); Rhododendron D4 (schlimmer durch kalte Witterung)*
- *Gw4/Iso (Knochengewebe, Knochenstoffwechsel, Knochenverletzungen); Kn2/Iso abends 5 Glob. (Konstitutionsmittel alle Gelenkerkrankungen, Sehnen, Bänder Muskeln)*
- *Adsella Energie; Symphytum comp Amp./Wala*
- *Calcium carbonicum D12 (fördert Knochenaufbau; reguliert Kalkstoffwechsel); Silicea D12; Iso Bicomplex Nr. 13*
- *Chestnut Bud (Gehstörungen); Crab Apple (alle Entzündungen des Bewegungsapparats); Hornbeam + Oak + Olive + Wild Rose (schwacher Bewegungsapparat)*

4.5.2. Bandscheibenschäden / -vorfall

S.a. Nervensystem, S. 70 und Rückenmarksentzündung, S. 73

- *Harpagophytum D2 Verkalkung; Urtica D2*
- *Disci Bamb HOM und HM Inj. Amp. Bandscheibenaufbau*
- *Calcium carbonicum D12; Iso Bicomplex Nr. 10 + 13*
- *Brennnessel; Lavendel; Schlangenwurzel; Meisterwurz;*
  Mädesüß; Weidenrinde
- *Elm; Holly; Willow; Rescue*

zusätzlich bei Vorfall

- *Arnica D4 + Nux vomica D6*
- *Magnesium phosphoricum*
- *Scleranthus; Star of Bethlehem*

4.5.3. Bindegewebsschwäche

- *Gw4 Strukturverbesserung*
- *Iso Bicomplex Nr. 4, Silicea Salbe*

4.5.4. Gelenkerkrankungen

Hauptmittel

- *Acidum formicum D6 (alle Gelenkerkrankungen);*
  Pichi-pichi D6 (entfernt Harnsäure aus dem Gelenk);
  Stillingia D4; Symphytum D1-D4 (Knorpelschäden);
  Thallium metallicum D8 (gelenkkräftigend)
- *Gw4/Iso (Gelenkaufbau)*
- *Chondro Wied Kaps. (Gelenkaufbau, -regeneration); Disci*
  Bamb HOM und HM Inj. Amp.; Ledum Komplex Hanosan
  Tabl. (degenerative Gelenkerkrankungen); Spenglersan R
  Sprühfl. 3 x tgl. 2 Sprühstöße ins Maul
- *Silicea D12 (Knorpelaufbau); Iso Bicomplex Nr. 4; Calci-*
  um phosphoricum Salbe (Gelenkerguss); Kalium sulfu-
  ricum Salbe (Gelenkschmerzen)
- *Rosmarintinktur Einreibung (verbessert die Durchblutung*
  der Gelenke)
- *Elm (Gelenkschmerzen nach Überforderung); Hornbeam +*
  Olive + Willow (Kräftigung schwacher Gelenke)

Zusätzlich

-Gelenkentzündung
(s.a. Allgemein/Entzündung)

- *Acidum benzoicum D6; Bryonia D6; Stillingia D4;*
  Symphytum D1-D4
- *Ad1/Iso + Gw2/Iso + Fb1/Iso tgl. wechselnd mit Ad2/Iso +*
  Gw4/Iso + Fb2/Iso

-chronisch

- *Fb1/Iso + Lf1/Iso + Gw4/Iso + St5/Iso*
- *Wobenzym N Drag.; Ubichinon Amp. jeden 2. Tag ½ Amp.*

-Gelenkerkrankungen nach Infektionen	•*Acidum benzoicum D6*
-leicht einknickende oder knackende Gelenke	•*Iso Bicomplex Nr. 4 + 9*
-mit Schwellung	•*Apis D4; Kalium bichromicum D4 (Gelenkerguss)* •*Traumakatt Tabl. (Verletzungen)* •*Iso Bicomplex Nr. 24* •*Ackerschachtelhalm; Brennnessel; Hauhechelwurzel; Sandseggewurzel; innerlich und äußerlich als Kompresse anwenden*
-durch Verletzung, Verren-kung	•*Ledum D6*

4.5.5. HD

•*Harpagophytum D2; Hekla lava D4; Pichi-pichi D6; Ruta D4; Symphytum D1-D4*
•*Osteoheel Amp.*
•*Iso Bicomplex Nr. 9 + 30*
•*Hornbeam; Olive; Rock Water; Willow*

4.5.6. Knochenbruch

•*Hekla lava D4, Symphytum D1-D4 (schmerzlindernd und regenerierend)*
•*Gw4/Iso*
•*Iso Bicomplex Nr. 13*
•*Olive; Rescue*

4.5.7. Knochenentzündung
S.a. Allgemein / Entzündung, S. 15

•*Ammonium carbonicum D2; Hekla Lava D4, Ruta D4; Symphytum D1-D4*
•*Ad1 D10/Iso + Fb1 D10/Iso + Gw4/Iso tgl. wechselnd mit Gw1 + Lf1/Iso*
•*Symphytum comp Amp./Wala*
•*Holly; Hornbeam*

4.5.8. Knochenernährungsstörungen

- *Acidum phosphoricum D4; Hekla lava D4; Mezereum D4; Thallium metallicum D6*
- *Disci Bamb HOM und HM Inj. Amp.; Osteoheel Amp.*
- *Iso Bicomplex Nr. 4 + 13*

4.5.9. Knochenhautentzündung, -verletzung
Siehe auch Allgemein / Entzündung, S. 15

- *Hekla lava D4; Ruta D4; Symphytum D1-D4*
- *Ad1/Iso + Fb1/Iso + Gw3/Iso + Lf1/Iso + St5/Iso + morgens 1 x 5 Glob. Kn1/Iso + abends W1/Iso 1 x 5 Glob.*
- *Symphytum comp Amp./Wala*
- *Natrium chloratum*

4.5.10. Lähmung
S.a. Bewegungsapparat / Wirbelsäulenerkrankungen, S. 36 und Nervensystem / Lähmung, S. 72

Hauptmittel
- *Causticum D4; Ledum D4;*
- *Fb1/Iso + Ad3/Iso + Gw1/Iso + St3/Iso + Rhododendron cp Fluid*
- *Ledum Komplex Hanosan Tabl. (Lahmen)*
- *Kalium phoshoricum; Kalium sulfuricum; Natrium sulfuricum*

	Zusätzlich
-durch Wirbelsäulenerkrankungen	• *Plumbum aceticum D6; Scilla D2 (vom Rückenmark ausgehend)*
-Lähmung der Beine durch Rückenmarksverletzung	• *Lathyrus sativus D1*
-durch Muskelschwäche	• *Causticum D4; Gelsemium D4; Lathyrus sativus D4; Plumbum metallicum D6*
-plötzliche Lähmung/ Dackellähme	• *Nux vomica D6* • *Keltican forte Drag.; Ledum Komplex Hanosan Tabl.*

4.5.11. Muskel

	Hauptmittel
-stärkend	• *Iso Bicomplex Nr. 29*
-Muskelkater	• *Kalium sulfuricum; Iso Bicomplex Nr. 3 und 8* • *Elm*
-Muskelkrämpfe	• *Calcium phosphoricum; Magnesium phosphoricum als »Heiße Sieben«; siehe Einleitung / Schüssler Salze / Heiße Sieben; Natrium phosphoricum* • *getrocknetes Farnkraut in einen Kopfkissenbezug füllen und Hund darauf schlafen lassen* • *Willow*
-Muskelzittern	• *Gelsemium D6* • *Calcium phosphoricum*
-Muskelentzündung (s.a. Allgemein/ Entzündung)	• *Bryonia D6 (Bewegung verschlimmert); Causticum D4*

4.5.12. Muskelhartspann, Verspannungen

• *Gw4/Iso + Fb1/Iso + Sambucus cp fluid*
• *Ledum Komplex Hanosan Tabl.; Myogeloticum N Hanosan Amp.*
• *Iso Bicomplex Nr. 29*
• *getrocknetes Farnkraut in einen Kopfkissenbezug füllen und Hund darauf schlafen lassen; 30 g Buchsbaumspitzen, 30 g Piniennadeln, 20 g Thymian, 20 g Eukalyptusblätter; oder 20 g Wacholderbeeren in 1 Liter Wasser kochen, abseihen und zum Einreiben und Massieren benutzen*
• *Cherry Plum, Oak, Star of Bethlehem, Wild Oat*

4.5.13. Muskelschwäche, Muskelschwund

• *Argentum metallicum D12; Causticum D4; Cuprum metallicum D6; Gelsemium D6 (Muskelschwäche, -lahmheit; besonders nach Aufregung und Angst); Plumbum aceticum D6;*
• *Disci Bamb HOM und HM Inj. Amp.*
• *Natrium sulfuricum; Iso Bicomplex Nr. 29 + 4*
• *30 g Buchsbaumspitzen, 30 g Piniennadeln, 20 g Thymian, 20 g Eukalyptusblätter, 20 g Wacholderbeeren in 1 Liter Wasser kochen, abseihen. Zum Einreiben und Massieren benutzen, auch bei Stilllegung eines Gliedes (z.B. nach Operation);*

Rosmarintinktur Einreibung regt die Durchblutung der Muskulatur an
- *Olive*

4.5.14. Rheumatischer Formenkreis

Stoffwechsel / Entgiftung beachten! S. 89

Hauptmittel
- *Harpagophytum D2; Hekla lava D4; Bryonia D3; Chamomilla C30; Rhus toxicondendron C30*
- *Gw11/Iso; Gw2/Iso*
- *Arthrokatt Tabl. (rheumatische Gelenkbeschwerden); Spenglersan K Sprühfl. 3 x tgl. 2 Sprühstöße in das Maul*
- *Calcium phosphoricum; Lithium chloratum; Magnesium phosphoricum; Natrium bicarbonicum; Natrium phosphoricum; Iso Bicomplex Nr. 3 + 9*

Zusätzlich

-Gelenkrheumatismus
- *Kalium chloratum; Natrium chloratum; Lithium bicarbonicum D12; Kalium jodatum*

-chronisch
- *Calcium phosphoricum 5 x tgl. 1 Tabl.*

-Verschlimmerung nachts
- *Kalium sulfuricum ½ stdl. 1 Tabl.*

-Muskelrheumatismus
- *Ferrum phosphoricum + Kalium chloratum ½ stdl. wechselnd je 1 Tabl.; Kalium sulfuricum; Silicea*

-Verschlimmerung nachts und in der Ruhe
- *Calcium phosphoricum 5 x tgl.*

-Rheumatismus der Rückenmuskulatur
- *Antimonium Tartaricum D6*

-rheumatische Schulter-, Kreuz- oder Hüftlahmheit
- *Rhus toxicondendron C30*
- *Kalium sulfuricum*

-Verschlimmerung bei feuchtem Wetter
- *Natrium sulfuricum*

-Verschlimmerung im Winter
- *Petroleum D6*

-Arthritis
- *Acidum benzoicum D6*
- *Arthrokatt Tabl.*
- *Calcium sulfuricum; Natrium chloratum; Natrium sulfuricum*
- *Brennnessel; Lavendel; Mädesüß; Meisterwurz; Schlangenwurz; Weidenrinde*

-Arthrose	• *Causticum D4; Harpagophytum D2; Hekla lava D4; Pichi-pichi D6* • *Arthrokatt Tabl.* • *Iso Bicomplex Nr. 28*
-schmerzhaft	• *Symphytum D2 + Arnica D4 + Hypericum D3 + Rhus toxicondendron C30 + Bellis perennis D6*

4.5.15. Schleimbeutelentzündung
S.a. Allgemein / Entzündung, S. 15

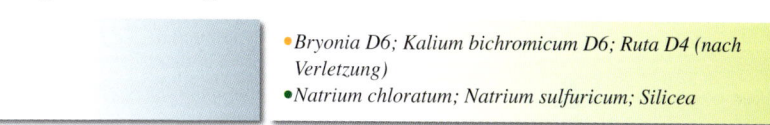

• *Bryonia D6; Kalium bichromicum D6; Ruta D4 (nach Verletzung)*
• *Natrium chloratum; Natrium sulfuricum; Silicea*

4.5.16. Sehnenentzündung, Sehnenscheidentzündung

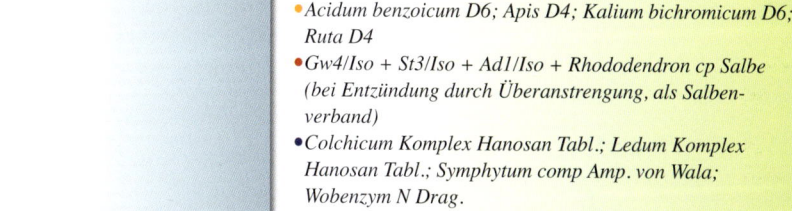

• *Acidum benzoicum D6; Apis D4; Kalium bichromicum D6; Ruta D4*
• *Gw4/Iso + St3/Iso + Ad1/Iso + Rhododendron cp Salbe (bei Entzündung durch Überanstrengung, als Salbenverband)*
• *Colchicum Komplex Hanosan Tabl.; Ledum Komplex Hanosan Tabl.; Symphytum comp Amp. von Wala; Wobenzym N Drag.*
• *Iso Bicomplex Nr. 23*

4.5.17. Sehnen-/ Bänderschwäche

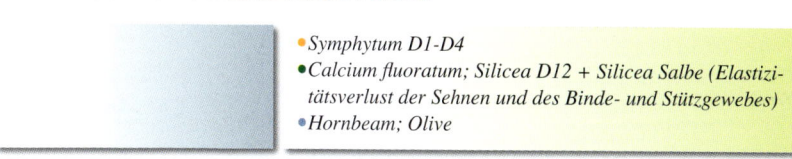

• *Symphytum D1-D4*
• *Calcium fluoratum; Silicea D12 + Silicea Salbe (Elastizitätsverlust der Sehnen und des Binde- und Stützgewebes)*
• *Hornbeam; Olive*

4.5.18. Überbein / Knochenwucherungen

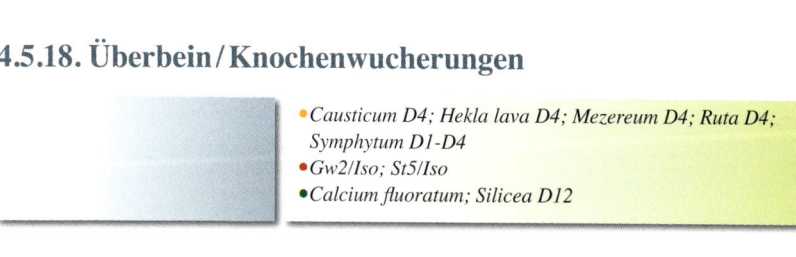

• *Causticum D4; Hekla lava D4; Mezereum D4; Ruta D4; Symphytum D1-D4*
• *Gw2/Iso; St5/Iso*
• *Calcium fluoratum; Silicea D12*

4.5.19. Verstauchung / Verrenkung

S.a. Notfall / Verstauchung, S. 113

- *Apis D4; Arnica D4; Bellis perennis D4; Bryonia D6 (Ruhe bessert, Bewegung verschlimmert, Hund liegt auf der betroffenen Seite, obwohl Glied wieder gut beweglich ist); Rhus toxicondendron D8 (Bewegung bessert, Ruhe verschlimmert, Lahmheit nach Ruhe)*
- *Colchicum Komplex Hanosan Tabl.; Ledum Komplex Hanosan Tabl.; Symphytum comp. Amp. von Wala*
- *Calcium carbonicum D12; Calcium fluoratum; Calcium phosphoricum; Kalium chloratum ab 3. Tag danach, Silicea D12; Ferrum phosphoricum Salbe; Kalium chloratum Salbe*
- *Olive; Holly (lang dauernd), Wild Oat*

4.5.20. Wirbelsäulenerkrankung

Hauptmittel
- *Bryonia D6 (Ruhe bessert, Bewegung verschlechtert); Harpagophytum D2; Symphytum D1-D4*
- *Disci Bamb HOM und HM Inj. Amp.; Keltican forte Drag.;*
- *Calcium fluoratum + Calcium phosphoricum + Silicea D12 (Wirbelsäulenstärkung); Natrium chloratum + Silicea (Bandscheibenstärkung)*

Zusätzlich

-Beschwerden in der Halswirbelsäule	• *Lachnanthes D3, (Verspannungen im Hals-, Nackenbereich)* • *Infi Para H Inj. Amp. (auch Muskulatur, Bandapparat)* • *Magnesium phosphoricum (Nackenverspannung)*
-Beschwerden in der Brustwirbelsäule	• *Infi Para B Inj. Amp. (auch Muskulatur, Bandapparat)*
-Beschwerden in der Lendenwirbelsäule	• *Infi Para L Inj. Amp. (auch Muskulatur, Bandapparat)*
-empfindliche Wirbelsäule	• *Sulfur D20 1 x monatlich 10 Glob.*
-mit Zittern und Schwäche der Beine	• *Causticum D4; Gelsemium D6*
-mit Steifigkeit	• *Causticum D4;* • *Colchicum Komplex Hanosan; Disci Bamb HOM und HM Inj.; Ledum Komplex Hanosan Tabl.*
-Verkalkung	• *Harpagophytum D2; Lachnanthes D3*
-mit Nervenquetschung	• *Hypericum D4*

-mit Problemen beim Wasserlassen	*Causticum D4; Plumbum aceticum D6 (Blasenlähmung)* *Disci Bamb HOM und HM Inj.*
-mit Problemen beim Koten	*Hypericum D4; Nux vomica D6; Plumbum aceticum D6*
-Spondylose	*Causticum D4; Hekla lava D4* *St5/Iso + Populus cp Fluid/Iso morgens + Viscum album cp Fluid/Iso abends auf Wirbelsäule einreiben* *Disci Bamb Hom und HM Inj.* *Natrium chloratum; Iso Bicomplex Nr. 13*
-mit Gelenkabnützung	*Gw11/Iso*
-bei Knochen- und Knorpelveränderung	*Gw3/Iso im tgl. Wechsel mit Gw4/Iso*

4.6. Blut

Bei Störungen im Blutaufbau muss immer die Grundkrankheit behandelt werden. Meist ist eine umfassende Stoffwechselentgiftung und Lymphreinigung notwendig. Milz beachten!

4.6.1. Blutarmut

	Hauptmittel *China D6; Cuprum aceticum D6; Natrium chloratum D200 zu Beginn jeder Behandlung 1 x 5 Glob.* *Ad3/Iso + Lf2/Iso + St1/Iso + Gw9/Iso* *Ferrum silicium comp. Glob. (Anregung des Eisenstoffwechsels im Blut)* *Ferrum phosphoricum D3 + Manganum sulfuricum D12; Kalium arsenicum; Natrium chloratum; Iso Bicomplex Nr. 2* *Bockshornkleesamen; Brennnessel; Ehrenpreis; Eisenkraut; Johanniskraut; Pfefferminze; Schafgarbe* *Hornbeam*
-mit Gewichtsabnahme	**Zusätzlich** *Gw9/Iso*
-mit Abmagerung trotz gutem Appetit	*Natrium chloratum*
-mit Appetitlosigkeit	*St8/Iso*
-mit allgemeiner Schwäche	*Arnica D4; China D6; Kalium carbonicum D6* *Ad3/Iso*
-nach Krankheit	*Iso Bicomplex Nr. 2*

-wegen Magenleiden *(s.a. Magen)*	•*Gw1/Iso*
-durch Störungen im Blut- und Lymphsystem *(siehe Blut und Lymphsys- tem)*	•*Kn5/Iso 1 x tgl. 5 Glob*
-nach starken Blutungen und Operationen	•*China D6; Ferrum metallicum D6* •*Ad3/Iso + St1/Iso + Gw1/Iso je 3 Glob. auf ⅛ l Wasser; alle 15 Min. 1 Schluck*

4.6.2. Blutverunreinigung
S.a. Stoffwechsel/Entgiftung, S. 89 und Blutqualität

•*Birkenblätter; Brennnessel; Erdrauch; Quecke; Seifen- kraut; Stiefmütterchen*

4.6.3. Blutqualität / Verbesserung
S.a. Blutarmut, S.37

	Hauptmittel •*Ad3/Iso + Lf2/Iso + Gw1/Iso* •*Kalium jodatum* •*siehe Blutarmut; Brombeerblätter; Himbeerblätter; Mariendistel; Löwenzahn; Brennnessel*
-Schädigung der roten Blutkörperchen	Zusätzlich •*Chininum sulfuricum D4; Natrium chloratum*
-schlechte Blutgerinnung	•*Crotalus horridus D4; Lachesis D4; Millefolium D2* •*Calcium sulfuricum; Kalium phosphoricum*
-mangelnde Blutbildung	•*Cuprum metallicum D6; Ferrum metallicum D6; Plumbum metallicum D6*
-Blutzersetzung	•*Arsenicum album C30*

4.6.4. Blutvergiftung
Eingehende diagnostische Abklärung erforderlich! Siehe Blutreinigung

•*Pyrogenium Hanosan Amp.* •*Kalium phosphoricum ¼ stdl. 1 Tabl.; Kalium sulfuricum*

4.7. Darm

4.7.1. Allgemein

Hauptmittel
- *Lycopodium D6; Pyrogenium D8*
- *W1/Iso (akute und chronische Erkrankungen der Darm-schleimhäute, Abdichtung der Schleimhäute, Entgiftung); W2/Iso (chronische Darmerkrankungen); Gw10/Iso (nervöse und organische Darmerkrankungen)*
- *Fel Tauri N Komplex Tabl.; Luvos Heilerde Kaps. Microfein (darmentgiftend, schleimhautberuhigend); Mutaflor Kaps. (Aufbau der Darmflora); Toxaprevent pur Kaps. (Giftstoffbindung im Darm); Froximun Toxaprevent akut Kaps. (gestörtes Immunsystem)*
- *Iso Bicomplex Nr. 1 (gestörte Darmtätigkeit)*
- *Mischung: Fenchel, Gänsefingerkraut, Himbeerblätter, Kamille, Majoran, Kümmel, Melisse, Malvenblüten, Isländisch Moos; ½ - 1 Tl. tgl., (nomalisiert Mineralstoffge-halt des Darms, stabilisiert Schleimhäute)*
- *Chestnut Bud (empfindlicher Darm)*

Zusätzlich

-Verdauungsschwäche nach Krankheit
- *Ipecacuana C30*

-Analfissuren
- *Iso Bicomplex Nr. 1*

4.7.2. Allergie des Darms, Lebensmittelunverträglichkeiten
S.a. Abwehrsystem / Allergie, S. 18 und Lymphsystem, S. 60

Hauptmittel
- *W1/Iso (Milieusanierung)*
- *Mutaflor Kaps. (Aufbau der Darmflora); Myrrhinil Intest Drag.; Toxaprevent pur Kaps.; Froximun Toxaprevent akut Kaps.*
- *Kalium chloratum*
- *Crab Apple*

Zusätzlich

-Milieu- und Darmfloraregu-lierung
- *Abrotanum D2*
- *W1/Iso*

-Erhaltung der Gewebs-struktur
- *Gw10/Iso*

-spastisch allergische Diathese
- *St10/Iso*

-schleimhautstabilisierend
- *Gw3/Iso*

4.7.3 Analdrüsenentzündung

S.a. Allgemein / Entzündung, S. 15 und Stoffwechsel / Entgiftung, S.89

- *Hepar sulfuris D4; Myristica sebifera D3; Pulsatilla D6*
- *Silicea (auch Abszess); Calcium sulfuricum (mit Eiterung);*
  Iso Bicomplex Nr. 14
- *Holly*

4.7.4. Blähungen

Grunderkrankung beachten

Hauptmittel
- *Gentiana lutea D2;*
- *Lithium chloratum; Iso Bicomplex Nr. 3 + 11*
- *Kümmel; Fenchel; Anis; Thymian; Dost; Koriander; Dill;*
  Pfefferminze; Süßholzwurzel; Schafgarbe

-durch Bauchspeicheldrü-
  senschwäche
  (s. Bauchspeicheldrüse)

Zusätzlich

-ernährungsbedingt

- *St1/Iso + St8/Iso tgl. wechselnd*
- *Isostoma S*

-leberbedingt, *(s. siehe Leber)*
-nierenbedingt, *(s. Niere)*

-mit Schmerzen

- *Colocynthis*
- *Calcium phosphoricum + Magnesium phosphoricum +*
  Natrium sulfuricum in ¼ stdl. Wechsel je 2 Tabl.

-mit Verstopfung

- *Apocynum D1*

-Geruch nach faulen Eiern

- *Natrium sulfuricum*

4.7.5. Darmentzündung

S.a. Allgemein / Entzündung, S. 15

Hauptmittel
- *Antimonium crudum D4; Sulfur D4*

- *St10/Iso + W1/Iso + Kn5/Iso (alle entzündlichen*
  Erkrankungen des Darmes)
- *Toxaprevent pur Kaps.*
- *Ferrum phosphoricum; Kalium chloratum*
- *Dill; Fenchel; Gänsefingerkraut; Himbeerblätter; Hir-*
  tentäschelkraut; Kamille; Majoran; Kümmel; Melisse;
  Beinwellwurzel; Malvenblüten

	Zusätzlich
-mit Durchfall, schleimhautstabilisierend	•*Aethiops antimonialis D6; Baptisia D4; Hydrastis D4; Magnesium fluoratum D6; Magnesium sulfuricum D6* •*Gw3/Iso + St3/Iso*
-akute Milieustörung	•*W1/Iso*
-chronische Milieustörung, Dysbiose	•*Nux vomica D6* •*W2/Iso*
-bei Geschwüren	•*Bicomplex Nr. 14*
-nervös bedingt *(siehe Nervensystem)*	•*Ambra D3; Argentum nitricum D12*

4.7.6. Durchfall

Grunderkrankung beachten! S.a. Stoffwechsel / Entgiftung, S. 89

	Hauptmittel
	•*Baptisia D6 (Durchfall dunkel, stinkend, schleimig); Gentiana lutea D2; Nux vomica D6; Podophyllum D6 (zu Beginn, Stuhl schießt heraus wie Wasser, dunkelgelb - grün)* •*St3/Iso + Gw3/Iso + W2/Iso auch als Einlauf, dazu 30 Glob. in Wasser lösen* •*Luvos Heilerde Kaps. Microfein (giftaufsaugend); Kohletabl. (giftaufsaugend, vor allem bei Gärungen, nicht bei Fieber!); Myrrhinil Intest Drag.; Toxaprevent pur Kaps.* •*Kalium phosphoricum + Natrium chloratum ¼ stdl. wechselnd je 2 Tabl.; Natrium sulfuricum* •*Heidekraut, getr. Heidelbeeren, Beinwellwurzel, Isländisch Moos, Kamille, Eibisch, Melisse, Schwarze Johannisbeerblätter, Spitzwegerich; oder Eichenrinde innerlich oder als Einlauf (beruhigt Darmmuskulatur und -schleimhaut)* •*Crab Apple*
	Zusätzlich
-chronisch	•*China D4; Antimonium crudum D4; Sulfur C30 2 x tägl.* •*Calcium sulfuricum; Natrium chloratum, Natrium sulfuricum (morgens schlimmer)*
-erzeugt durch Infektionen, Parasiten *(s.a. Allgemein / Entzündung und Abwehrsystem)*	•*Ipecacuana D6* •*St10/Iso + W1/Iso je 3 x 5 Glob. tgl. wechselnd mit St1/Iso + Gw3/Iso + K5/Iso jeden Abend 5 Glob.* •*Thymian + Salbei + Eukalyptus, als Einlauf*
-nervös bedingt, aus Angst *(s. Nervensystem und psychische Probleme)*	•*Ambra D3; Argentum nitricum D6; Gelsemium D8* •*St10/Iso + Gw10/Iso* •*Kalium phosphoricum (nach Stress, Angst)* •*Aspen; Mimulus; Rock Rose (bei Panik)*

-mit Leberbeteiligung *(s. Leber)*	
-mit Bauchspeicheldrüsen- beteiligung *(s. Bauchspeicheldrüse)*	
-mit Magenbeteiligung *(s. Magen)*	
-mit Krämpfen	• *Colocynthis D4* • *St10/Iso* • *Kalium chloratum; Magnesium phosphoricum; Natrium phosphoricum (sauer riechend)*
-mit Erbrechen *(s. Magen/ Erbrechen)*	
-durch Vergiftung *(s. Notfall/ Vergiftung)*	
-nach Fütterung	• *China D4, Pulsatilla D6*
-nach verdorbenem Fleisch, Fisch	• *Arsenicum album C30* • *St1/Iso* • *Crab Apple*
-durch Überfütterung, Überfressen	• *Nux vomica D6, Rheum D2*
-nicht artgerechtes Futter	• *Nux vomica D6* • *St1/Iso*
-bei Lebensmittelun- verträglichkeit *(s. Abwehr/ Allergie)*	• *Okoubaka D2*
-nach Fett	• *Pulsatilla D6* • *Natrium phosphoricum*
-nach Milch	• *Calcium carbonicum D8*
-nach dem Fressen unreifer Früchte	• *Acidum sulfuricum D4*
-nach kalt trinken, Schnee fressen	• *Rhus toxicondendron D8; Antimonium crudum D4; Pulsatilla D4; Arsenicum album C30 (bes. nach Schnee fressen)*
-nach Erkältung	• *Dulcamara D4*
-nach Durchnässung	• *Dulcamara D4; Rhus toxicondendron D8*
-nach Antibiotikabehandlung	• *Sulfur D4*
-nur morgens, nicht tagsüber	• *Sulfur D6*

-nur nachmittags	• *China D4*
-mit Schleim	• *Pulsatilla D6* • *Myrrhinil Intest Drag.* • *Ferrum phosphoricum; Kalium chloratum*
-mit normalem Kot in einem Stuhl	• *Sulfur D6*
-mit Verstopfung abwechselnd	• *Antimonium crudum D4; Sulfur D6* • *Ferrum phosphoricum; Natrium sulfuricum; Iso Bicomplex Nr. 3 und Nr. 4* • *Scleranthus*
-mit unverdautem Futter	• *Ferrum phosphoricum*
-wässrig	• *Kalium arsenicosum, Natrium chloratum; Natrium sulfuricum*
-stinkend, faulig	• *Kalium phosphoricum*
-sauer	• *Magnesium carbonicum D6,* • *Natrium phosphoricum*
-blutig	• *Hydrastis D4; Phosphor C30*
-gelb	• *Natrium phosphoricum; Natrium sulfuricum*
-grün	• *Cuprum arsenicosum* • *Natrium sulfuricum*
-schwarz, teerartig	• *Leptandra D2*
-mit häufigem Stuhldrang	• *Kalium phosphoricum*
-mit erfolglosem Stuhldrang, Schmerzen	• *Kalium phosphoricum ½ stdl. 1 Tabl.*
-nach längerer Autofahrt	• *Cocculus D6*
-mit Abmagerung	• *China D4, Abrotanum D3*
-mit Kräfteverfall	• *Arsenicum album C30; Chininum arsenicosum D6; Colchicum D4*

4.7.7. Darmgeschwüre

	• *St7/Iso + Ad1/Iso + Gw3/Iso* • *Bicomplex Nr. 14*

-chronisch	•*Lf2/Iso + St10/Iso je 3 x 5 Glob. + Gw3/Iso im tgl. Wechsel mit Gw15/Iso je 3 x 5 Glob.*

4.7.8. Schleimhautentzündung / Reizdarm

Siehe Darmentzündung, S. 40 und Allgemein / Entzündung, S. 15

	Hauptmittel •*Asa foetida D3 + Nux vomica D4 je 3 x 5 Glob.; Kalium bichromicum D4* •*W1/Iso + Gw10/Iso* •*Nr. 19 Aethiops Tabl.; Fel Tauri N Komplex Tabl.; Myrrhinil Intest Drag.* •*Iso Bicomplex Nr. 21* •*Kamille + Beinwell + Eibisch + Spitzwegerich, auch als Einlauf*
	Zusätzlich
-bei Nahrungsmittel- intoleranz (*s. Abwehrsystem / Allergie und Lymphsystem*)	
-nervöse Beeinflussung *(s. Nervensystem und psychische Probleme)*	
-durch Erkältung	•*Aconitum D4*
-durch Würmer s. Würmer	•*Natrium carbonicum D4*
-erbliche Faktoren	•*Kn3/Iso*

4.7.9. Verstopfung

	Hauptmittel •*Gentiana D1* •*St1/Iso* •*Kalium chloratum, Magnesium phosphoricum; Natrium bicarbonicum; Bicomplex Nr. 1/Iso* •*Schafgarbe, Gänsefingerkraut*
	Zusätzlich
-atonisch (Stuhl 1-2x wöchentlich)	•*St2/Iso + Gw8/Iso + W2/Iso* •*Calcium fluoratum*
-spastisch (oft bei Magen-, Galle-, Darmerkrankungen, häufiger Stuhldrang)	•*Nux vomica D6 stündlich* •*St10/Iso* •*Silicea D12 stdl. 1 Tabl.*

-nach Durchfall	*Baptisia D6*
-im Alter	*Calcium phosphoricum stdl. 1 Tabl.*

4.7.10. Würmer

Hauptmittel
- *Abrotanum D2 3 x tägl, mindestens 10 Tage; Antimonium tartaricum D6; Artemisia vulgaris D4; Cicuta virosa D6; Cuprum oxydatum nigrum D4; Punica granatum D4*
- *W1/Iso + Gw8/Iso + Ad3/Iso*
- *Iso Bicomplex Nr. 3 + 4*
- *40 g Wermut + 10 g Aloepulver mit ½ l kochd. Wasser übergießen, 10 Min. ziehen lassen, morgens nüchtern als Einlauf*
- *Crab Apple*

Zusätzlich

-Spulwürmer	*Chenopodium D6; Cina D6*
-Bandwürmer	*Crotalus D12; Filix D4; Granatum D4* *Natrium sulfuricum*
-bei Welpen	*Arum maculatum D4 + Rumex acetosa Urtinktur*
-mit Verstopfung	*Magnesium muraticum D2; Sulfur D6* *St2/Iso*
-mit Durchfall	*Artemisia vulgaris D4; Cina D8; Natrium carbonicum D4; Sulfur D6* *St3/Iso*
-mit Abmagerung	*China D4; Petroleum D4*
-bei chronischer Verwurmung	*Abrotanum D2; Artemisia vulgaris D4 Cina D8; Cuprum oxydatum nigrum D4; Calcium carbonicum D200 2 x wöchentlich. 5 Glob.* *W2/Iso 3 x 5 Glob. innerlich; als Einlauf 10 Glob. in Wasser verdünnt* *Aquillinum comp Glob.*
-Verbesserung des Darmmilieus, auch nach Wurmkur	*Abrotanum D2; Sabadilla D3; Sulfur D6* *W1/Iso + Lf2/Iso + St10/Iso* *Kalium chloratum*

4.8. Epiphyse

Funktionsanregung	*Epiphysis/ Plumbum Glob.; Epiphysis GI D8 Amp. 3 x wöchentl. (auch bei Entwicklungsstörungen des Welpen)*

4.9. Haut und Hautanhangsgebilde

Bei allen Hautkrankheiten die Ausscheidungsorgane (Leber, Niere, Darm, Lymphsystem und den Stoffwechsel) beachten!

4.9.1. Allgemein

Hauptmittel
- *Euphorbia cyparissias D8; Sulfur D6*
- *St3/Iso + Gw3/Iso (Hautatmung; Säuremantel); St5/Iso + Gw5/Iso (entgiftend bei hautschädigenden Stoffwechselendprodukten); Gw11/Iso (entgiftend bei harnsauren Stoffwechselendprodukten)*
- *Infi Eupatorium Inj. N Amp.; Cutis comp N Inj. Amp. (Anregung der Abwehrsysteme der Haut); Graphites Komplex. Hanosan Tabl.; Hautfunktionstabl. N; Pyrogenium comp. Hanosan*
- *Calcium fluoratum D12; Bicomplex Nr. 11/Iso*
- *innerlich und äußerlich:*
  Alantwurzel, Hohlzahn, Berberitzenrinde, Ringelblume, Klettenwurzel, Lavendel, Seifenkrautwurzel, Vogelmiere, Ehrenpreis, Brennnessel, Ulmenrinde, Eichenwurzel, Labkraut, Lindenblüte, Schachtelhalm, Stiefmütterchen, Thymian, Walnussblätter
  als Auflage:
  Brennesselsamen in Wasser zu Brei kochen und auflegen; oder
  Eichenrinde, Katzenschwanz, Kamille, Viola tricolor, Storchenschnabel, in etwas Wasser 5 Minuten kochen, abseihen und ein Tuch damit tränken.
- *Cerato, Crab Apple (innerlich und äußerlich), Walnut*

Zusätzlich

-rissige Haut, Schwielen, Schrunden
- *Petroleum D6*
- *Calcium fluoratum + -salbe, Silicea*
- *siehe Krallen/ Krallenöl*

-dunkle Pigmentierung
- *Thuja D6*
- *Kalium sulfuricum*

-trocken, schuppig
- *Lactisol Creme*
- *Calcium phosphoricum im 2 stdl. Wechsel mit Natrium chloratum, Calcium sulfuricum, Kalium sulfuricum, Iso Bicomplex Nr. 3, Kalium chloratum Salbe*

-fettige Schuppen
- *Natrium phosphoricum*

-starker »Hundegeruch«
- *Sulfur D6*

-Hautknötchen
- *Silicea D12*

4.9.2. Abszess

- *Hepar sulfuris D8; Lachesis D8; Myristica sebifera D3 (»Homöopathisches Messer«)*
- *Gw7/Iso + Fb1/Iso + Populus cp Fluid/Iso, 1 El auf ¼ l Wasser als Umschlag*
- *Natrium sulfuricum; Calcium sulfuricum (bei chronischer Eiterung); Iso Bicomplex Nr. 14; Silicea (zur Ausleitung); Silicea Salbe (zur Ausreifung der Eiterung)*
- *s. Hautausschlag, Kräuter (zur äußerlichen Anwendung) zur Auflage:*
  Brennnessel, Johanniskraut, Kamille, Schachtelhalm, Thymian, frische oder getrocknete Kräuter kurz in etwas Wasser kochen, abkühlen lassen und auflegen
  oder
  Bockshornkleesamen im Mixer zerkleinern und mit Wasser und etwas Essig zu Brei kochen. Auf den Abszess auflegen. Alle 3 Stunden erneuern.
- *Crab Apple*

4.9.3. Allergische Hauterkrankungen
Siehe Abwehrsystem / Allergie, S. 18 und Lymphsystem, S. 60, *Darm beachten!*

- *Mahonia aquifolium D2; Mezereum D6; Urtica urens D4 (akut)*
- *Ad1/Iso (1. Entzündungsphase); St3/Iso (Entgiftung); St5/ Iso (akute Ausschläge, Hautnervenreizung); St4/Iso 3 x 5 Glob. + Kn5/Iso abends 5 Glob. (konstitutionelle Wirkung); St10/Iso (Förderung der Hautatmung)*
- *Calcium Quercus Glob.; Infi Lachesis Inj. Amp.*
- *Natrium chloratum; Natrium sulfuricum; Kalium arsenicosum D12 (allergischer Juckreiz); Iso Bicomplex Nr. 22*

4.9.4. Entzündungen, Ausschlag
S.a. Allgemein / Entzündung, S. 15

Hauptmittel
- *Smilax D8*
- *Gw3/Iso + St5/Iso*
- *Calcium Quercus Glob., Infi Eupatorium Inj. N Amp., Cutis comp N Inj. Amp., Naranocut H Tabl., Pyrogenium compl. Hanosan, Sanuvis Salbe*
- *Iso Bicomplex Nr. 11 (trocken und nässend)*
- *Auflage: Tee aus Eibisch, Gänseblümchen, Grindelia, Hirtentäschel, Ringelblume, Spitzwegerich, Vogelmiere, Viola Tricolor, Efeublätter, Lupinensamen, Johanniskraut, Erdrauch;*
  oder

50 g Erdrauch, 20 g Veilchen, 30 g Walnussschalen in
400 g Weingeist ansetzen und bei ca. 20°C 7 Tage stehen
lassen, abseihen. Ein Tuch damit tränken und auflegen

Zusätzlich

-chronisch, hartnäckig	• *Mahonia aquifoium D2; Sarsaparilla D12* • *Sanuvis Tabl.* • *Calcium sulfuricum; Kalium arsenicum*
-darmbedingt: *(s. Darm)*	• *W1/Iso + Gw10/Iso* • *Iso Bicomplex Nr. 4*
-leberbedingt: *(s. Leber)*	
-magenbedingt: *(s. Magen)*	• *Antimonium crudum D4* • *St1/Iso + St10/Iso + Gw15/Iso*
-Milz-/Bauchspeicheldrüsen bedingt *(s. siehe Milz und Bauchspeicheldrüse)*	• *Gw8/Iso im tgl. Wechsel mit Gw10/Iso + St9/Iso tägl.*
-nierenbedingt: *(s. Niere)*	• *St6/Iso + Gw6/Iso*
-durch psychische Ursachen *(s. a. Nervensystem und psychische Probleme)*	• *Kalium bromatum D6*
-mit Pilz	• *Araroba D6; Tellurium D8* • *Cutis comp N Inj. Amp.* • *Natrium chloratum Salbe; Natrium sulfuricum Salbe* • *Knoblauchwasser, siehe Wunden*
-bei übergewichtigen, verfressenen Hunden	• *Graphites D6*
-durch Zucker und Leckereien	• *Graphites D6*
-nach Fertigfutter und/oder zu viel Salz	• *Natrium chloratum*
-nach Medikamenten, Vergiftung *(siehe Stoffwechsel/Entgiftung)*	• *Nux vomica D6*
-nach Impfung *(siehe Stoffwechsel/Entgiftung)*	• *Thuja D6*
-gereizt, empfindlich	• *Calcium sulfuricum; Ferrum phosphoricum*
-eitrig	• *Myristica sebifera D3* • *Calcium sulfuricum; Calcium phosporicum Salbe* • *Crab Apple*

-nässend	• *Arsenum jodatum D12; Graphites D6 (besonders hinter den Ohren)*
-schlecht heilend	• *Hepar sulfuris* • *Silicea*
-Verbesserung der Hautent- giftung	• *Kn5/Iso*
-infektiös	• *Kn4/Iso*
-gerötet und heiß	• *Ad1/Iso*
-Hautreizung mit Zerstö- rung der Haut	• *Lf1/Iso*
-offene Stellen, Wundsekret	• *Kalium chloratum; Iso Bicomplex Nr. 3*
-mit Bläschen und Pusteln	• *Rhus toxicondendron D12* • *Natrium phosphoricum; Natrium sulfuricum; Silicea*
-eitrig	• *Calcium sulfuricum D12; Natrium chloratum; Silicea; Iso Bicomplex Nr. 14* • *Crab Apple*
-an den Körperöffnungen	• *Petroleum D6*
-Nesselausschlag	• *Fb1/Iso + Gw3/Iso + St3/Iso + Kn5/Iso*

4.9.5. Ekzem

Hauptmittel

• *Berberis D6 (mit und ohne Juckreiz); Calcium carbonicum D200 1 x monatlich; Cuprum metallicum D6 + Zincum metallicum D6; Selenium D8; Staphisagria D6; Viola tricolor D3*

• *Calcium Quercus Glob.; Graphites Hanosan Tabl.; Infi Lachesis Inj. Amp.; Infi Tramex Amp.; Kattwiderm Tabl.*

• *Kalium phosphoricum; Kalium sulfuricum; Natrium chloratum; Natrium sulfuricum*

• *zur Auflage:*
100 g Lupinensamen + 20 g Pfefferminze, 30 Minuten in 1 l Wasser kochen, abseihen, abkühlen lassen und auflegen
oder
50 g Bockshornkleesamen + 30 g Efeublätter + 50 g Ringelblume in 1 l Wasser 15 Minuten kochen, abseihen, abkühlen lassen und auflegen;
Umschläge aus Heilerde;
Knoblauchwasser, siehe Wunden

• *Agrimony; Beech; Crab Apple*

	Zusätzlich
-chronisch	• *Acidum nitricum D4; Formica rufa D30; Solidago D2* • *Gw11/Iso + St3/Iso + Kn5/Iso*
-trocken *(Leber beachten!)*	• *Alumina D6; Graphites D6; Natrium chloratum D200 2 x wöchentlich*
-nässend *(Niere beachten!)*	• *Oleander D4; Petroleum D4; Sulfur jodatum D4* • *Gw11/Iso* • *Calcium phosphoricum; Arsenum jodatum D12; Natrium sulfuricum Salbe*
-eitrig	• *Hepar sulfuris D6* • *Iso Bicomplex Nr. 14*
-mit Juckreiz	• *Rhus toxicondendron C30, 1 x tgl. abends vor dem Schlafen*
-nervöser Juckreiz: *(s.a. Nervensystem und psychische Probleme)*	• *Chamomilla C30; Staphisagria D200; Zincum valerianicum C30*
-stoffwechselbedingt *(s.a. Stoffwechsel/Entgiftung)*	• *Antimonium crudum D4; Magnesium carbonicum D6; Sulfur D4*
-durch Unverträglichkeiten *(s.a. Abwehrsystem/Allergie und Darm)*	• *Mezereum D6*
-im Winter schlimmer	• *Petroleum D8*
-im Sommer schlimmer	• *Acidum fluoricum D6; Kreosotum D4*
-an den Gelenkbeugen, Innenfläche der Beine	• *Natrium chloratum*

-im Genitalbereich
  -bei Rüden
  -bei Weibchen
	• *Rhus toxicondendron D12 + Croton D6*
	• *Rhus toxicondendron D12 + Mercurius solubilis C 30 (2 x wöchentl. 1 Gabe)*

-am After	• *Paeonia D2*
-an der Fußsohle	• *Petroleum D12*
-zwischen den Zehen	• *Sulfur D6* • *Silicea D12* • *Cherry Plum (Leckekzem); Chicory (Leckekzem); Crab Apple*

4.9.6 Furunkel

S.a. Allgemein / Entzündung, S. 15 und Stoffwechsel S. 89

- *Hepar sulfuris D6; Lachesis D8*
- *Calcium fluoratum (erweicht sich nicht); Calcium phosphoricum (langwierige Heilung); Silicea + Natrium sulfuricum (beschleunigt die Eiterung); ½ stdl. je 1 Tabl.; Kalium phosphoricum (übelriechender Eiter; Bildung neuer Furunkel); Iso Bicomplex Nr. 14; Natrium phosphoricum Salbe; Silicea Salbe (im Stadium der Eiterbildung)*

4.9.7. Haarausfall / Schlechtes Fell

Hauptmittel
- *Acidum hydrofluoricum D8; Pel Talpae D6; Selenium D8; Thallium metallicum D8; Thallium sulfuricum D6*
- *Gw1/Iso + Fb1/Iso + St5/Iso + Ad3/Iso*
- *Cutis comp N Inj. Amp.; Hautfunktionstabl. N*
- *Iso Bicomplex Nr. 1 + 2 + 10*
- *Brennnessel; Birkenblätter; Rosmarin; Klettenwurzel; Zinnkraut*

Zusätzlich

-filziges Fell
- *Acidum hydrofluoricum D8; Sulfur D6*

-brüchiges Fell
- *Lycopodium D6*
- *Gw4/Iso*

-verspäteter Fellwechsel
- *Sulfur D6; Lycopodium D6*

-Haarausfall
- *Acidum hydrofluoricum D8; Selenium D6; Lycopodium D12*
- *Calcium phosphoricum; Magnesium phosphoricum*

-hormonell bedingt bei der Hündin *(siehe Hündin / Innersekretorische Unregelmäßigkeiten)*
- *Lachesis D8*
- *Iso Bicomplex Nr. 10*

-Haarausfall nach Schreck, Schock
- *Opium D200 2 x im Abstand von 2 Tagen*

-nervös bedingt *(s.a. Nervensystem und psychische Probleme)*
- *Calcium phosphoricum*

-Haarausfall im Alter
- *Lycopodium D12; Selenium D6*

-Haarausfall nach Krankheiten
- *China D6; Ferrum metallicum D4*
- *Iso Bicomplex Nr. 10*

-Barthaare fallen aus	•*Kalium phosphoricum*
-Unterwolle fällt aus	•*Silicea*
-Ausfallen der Haare über den Augen	•*Agaricus D6*
-Wiederbehaarung kahl geriebener Stellen	•*Calendula Salbe*

4.9.8. Juckreiz

•*Dolichos prurius D2 (heftiges Hautjucken ohne Ausschlag); Staphisagria D6; Urtica Urens D4*
•*Fb2/Iso + St5/Iso je 20 Glob.+ Sambucus cp fluid 20 Tr. auf 1 Glas Wasser als Auflage und Waschung; St10/Iso (nervöser Juckreiz)*
•*Kattwiderm Tabl.; Nettiderma Salbe*
•*Kalium sulfuricum (bei Leberstoffwechselstörung); Magnesium phosphoricum (wenn keine Krankheit zugrunde liegt), auch äußerlich (2 Tabl. in etwas Wasser auflösen); Magnesium phosphoricum Salbe; Natrium chloratum; Kalium arsenicum D12; Calcium fluoratum (bei trockener Haut); Iso Bicomplex Nr. 3; Ferrum phosphoricum Salbe*
•*Agrimony; Beech*

4.9.9. Nagelbettentzündung
S.a. Allgemein / Entzündung, S. 15

•*Apis D4; Pyrogenium D8*
•*Gw7/Iso + Lf1/Iso + Populus cp fluid 3 x tgl. je 3 Glob. und Tr.; äußerlich Gw7 + Populus cp Fluid je 20 Glob. und Tr. in ¼ l Wasser; Populus cp Salbe für Salbenverbände*
•*Calcium fluoratum + -salbe zur Abheilung; Ferrum phosphoricum Anfangsstadium ¼ stdl. 1 Tabl. + -salbe*
•*Arnika Seifenbad: 1 El. Schmierseife + 2 geh. Tl. Arnikablüten (anstelle von Arnika kann man auch Ringelblumenblüten verwenden) in ¼ l Wasser geben und 3 Minuten kochen lassen, abseihen. Die entzündete Zehe mehrmals täglich je 10 Minuten darin baden.*

Zusätzlich
•*Hepar sulfuris D8; Myristica sebifera D3*
•*Calcium sulfuricum; Natrium phosphoricum; Iso Bicomplex Nr. 14; Natrium chloratum Salbe*

-eitrig

4.9.10. Krallen

S.a. Bewegungsapparat / Knochenernährungsstörungen, S. 32

-Kräftigung	• *Acidum hydrofluoricum D6; Antimonium crudum D4 (Störungen des Krallenwachstums); Thallium metallicum D8* • *Gw4/Iso* • *Iso Bicomplex Nr. 10*
-brüchig, splitternd	• *Acidum fluoricum D6 (auch Krallenpilz)* • *Gw4/Iso* • *Iso Bicomplex Nr. 2 + 10* • *Krallenöl für brüchige, spröde Krallen: 20 g Kakaobutter + 20 g Lanolin + 10 ml Avocadoöl + 10 ml Rizinusöl + 10 ml Johanniskrautöl + 5 Tropfen Lavendelöl. Kakaobutter und Lanolin im Wasserbad erwärmen, bis sie flüssig sind, Öle unterrühren, in Fläschchen abfüllen. Das Öl ist gut haltbar. Krallen 3 x wöchentlich damit einreiben*
-gespalten, verformt	• *Antimonium crudum D4*
-lösen sich in Schichten ab	• *Silicea D12*
-weich, rissig	• *Thuja D4*
-gebrochen, verletzt *(siehe Bewegungsapparat/ Knochenbruch, Knochenentzündung, Knochenhautentzündung)*	• *Rescue*
-verdickt	• *Antimonium crudum D4; Graphites D6*

4.9.11. Narben

	Hauptmittel • *Acidum fluoricum D6 + Graphites D6* • *Calcium fluoratum + -salbe; Silicea D12 + -salbe* • *Walnut*
-Narbenpflege	Zusätzlich • *Narbengel von Wala verhindert Verhärtung, erst nach Abheilung offener Wunden anwenden* • *Calcium fluoratum*
-Narbenbildung verzögert	• *Kalium phosphoricum; Natrium chloratum*
-Narbenwildwuchs	• *Staphisagria D6*
-alte Narben am Ohr, auch von Kupieren	• *Acidum hydrofluoricum D8*

4.9.12. Parasiten / Zecken

-häufiger Befall von Parasiten	•*Centaury; Crab Apple innerlich und äußerlich; Walnut innerlich und äußerlich*
-zur Abwehr	•*Eukalyptus-, Pfefferminz-, Rosmarin-, Lavendel- und Zitronenöl zu gleichen Teilen mischen. 15 Tropfen der Mischung auf 300 ml warmes Wasser geben, in eine Sprühflasche füllen, den Hund 2 - 3 x wöchentlich damit einsprühen, gegen den Haarstrich einmassieren. Liegeplatz ebenfalls besprühen.*
-Antiparasitenpulver	*Lavendelblüten, Rosmarinblätter, Salbeiblätter, Thymianblätter, Pfefferminzblätter, Melissenblätter, Eukalyptusblätter, alle pulverisiert zu gleichen Teilen mischen. Gegen den Strich in das Fell einmassieren. Auch in der Umgebung des Hundeplatzes ausbringen.*

4.9.13. Schweiß

-an den Pfoten	•*Natrium phosphoricum, Silicea D12, Iso Bicomplex Nr. 3*

4.9.14. Schwielen

auch Liegeschwielen	•*Antimonium crudum D4; Graphites D8* •*Lactisol Creme; Sanuvis Salbe* •*Calcium fluoratum und -salbe; Silicea; Silicea Salbe (entzündliche Liegeschwielen)* •*siehe Krallen/ Krallenöl Liegeschwielen 1 x tgl. damit einreiben; Calendulasalbe; Knoblauchzehen zerstampfen und als Breiauflage auflegen, 2 x täglich;* *20 g frische Efeublätter zerhacken, mit 100 g Weingeist übergießen, 5 Stunden ziehen lassen, danach ausdrücken. Auf die Schwiele legen und festbinden. Am besten über Nacht einwirken lassen. Mehrmals wiederholen.* •*Beech, Pine*

4.9.15. Stoffwechsel
Siehe Entgiftung / Stoffwechsel, S. 15

	•*St5/Iso (entgiftend bei hautschädigenden Stoffwechselendprodukten); Gw5/Iso (hautreinigend); Gw11/Iso (entgiftend bei harnsauren Stoffwechselendprodukten); St3/Iso (entgiftend bei unterdrückter Hautatmung; Wiederherstellung des Säuremantels)*

4.9.16. Warzen

Hauptmittel
- *Kreosotum D4; Sepia D12; Smilax D8; Thujatinktur (Warzen mehrmals täglich betupfen)*
- *Gw16/Iso im tgl. Wechsel mit Gw3/Iso Gw15/Iso + Gw3/Iso je 50 Glob. + Populus cp Fluid/Iso 50 Tr. in etwas Wasser auflösen und Warzen mehrmals tgl. betupfen.*
- *Kalium chloratum + Natrium chloratum; Natrium sulfuricum; Kalium chloratum Salbe*
- *Agrimony; Beech*

Zusätzlich

-flache Warzen
- *Antimonium crudum D4*

-fleischige Warzen
- *Thuja D6*
- *Kn1/Iso 1 x tgl. abends*

-gestielte Warzen
- *Gw17/Iso*

-hart, hornig
- *Causticum D6*

-blutend oder eitrig
- *Thuja C30*

-am Penis
- *Acidum nitricum D8 + Acidum hydrofluoricum D6 + Calcium carbonicum C30*

-an den Vorderpfoten, zwischen den Krallen
- *Acidum fluoricum D6 + Acidum nitricum D8*

-am Augenlid
- *Acidum nitricum D6; Calcium carbonicum C30; Staphisagria D6; Thuja D6*

-am After
- *Staphisagria D6*

-an der Brust und Gliedmaßen
- *Causticum D6*

-an den Zitzen
- *Thuja D6*

-im Ohr
- *Acidum nitricum D8 + Calcium carbonicum C30 morgens + Causticum D12 abends; Thuja D6*

-im Maul
- *Thuja C30; Acidum nitricum D8; Calcium carbonicum C30*

-bei Welpen
- *Causticum D8*

4.9.17. Wunden

S.a. Notfall / Wunden, S. 114

-ältere Wunden	•*Calendula D2*
-schlecht heilend	•*Kalium phosphoricum; Calcium sulfuricum; Natrium chloratum; Kalium phosphoricum Salbe; Natrium chloratum Salbe (chronische Wunden); Silicea Salbe (verhindert Bildung von wildem Fleisch)* •*Knoblauchwasser: 3 kleingeschnittene Knoblauchzehen in ¼ l Wasser ½ Stunde einlegen und abseihen. Ein Tuch damit tränken und auflegen; Johanniskrautöl, Calendula Salbe, Wund- und Brandgel von Wala* •*Holly*
-Verletzungen eitern generell schnell	•*Silicea D12*

4.10. Herz, Kreislauf, Gefäße

4.10.1. Herzfehler

-Herzrythmusstörungen	•*Kalmia D6; Cactus D3; Lachesis D8* •*Cactus comp II Glob.* •*Natrium chloratum*
-Erkrankungen des Herzmuskels und der Herzklappen	•*Lachesis D8; Strophanthus D2* •*Ad1/Iso (linke Herzhälfte und -klappe); Ad2/Iso (rechte Herzhälfte und -klappe)* •*Calcium fluoratum*
-Herzklappenentzündung	•*Kalmia D6; Lachesis D8* •*Ad1/Iso + Fb1/Iso*
-Rythmusstörungen	•*Tabacum C30 + Cactus D3* •*Ad2/Iso* •*Iso Bicomplex Nr. 12*
-Regulierung der Schlagkraft	•*Fb1/Iso*
-Herzvergrößerung	•*Spigelia D3*
-bei Gewebeveränderungen	•*Phosphor C30 tägl. 1 x 5 Glob.* •*Gw12/Iso*
-Herzschlag unterschiedlich zum Puls	•*Spigelia D3*

4.10.2. Herzinsuffizienz / Herzschwäche

Hauptmittel
- *Ammonium carbonicum D4; Apocynum D1; Amni visnaga D3; Cactus D1; Crataegus D1; Kalium carbonicum D6; Strophanthus D2*
- *Fb1/Iso + Ad1/Iso (linke Herzhälfte) oder Ad2/Iso (rechte Herzhälfte) + Gw1/Iso im tgl. Wechsel mit Gw5/Iso*
- *Convallaria-Komplex Tabl/Hanosan; Sanuvis Tabl.*
- *Cacium phosphoricum; Iso Bicomplex Nr. 12*
- *Frauenmantel; Herzgespannkraut; Rosmarin; Schafgarbe; Weißdornblüten; -blätter und -früchte*
- *Olive*

Zusätzlich

-Rechtsherzinsuffizienz
- *Laurocerasus D4*

-mit Atemnot
- *Ammonium carbonicum D4; Kalium carbonicum D6*

-nach Infektionskrankheiten
- *Crataegus D1; Strophanthus D2; Kalmia D6; Lachesis D8*
- *Tornix Tabl.*
- *Kalium phosphoricum + Magnesium phosphoricum alle 5 Minuten wechselnd je 2 Tabl.*

-nervös bedingt *(s.a. Nervensystem und Psychische Probleme)*
- *Crataegus D1*
- *Tornix Tabl.*
- *Melisse; Johanniskraut; Passionsblume; Baldrian*
- *Aspen (durch Angst); Star of Bethlehem (nach Liebesverlust; Trauer)*

-durch Überanstrengung (gehetzt werden, schwere Geburt, körperliche Überforderung, Operation usw.)
- *Arnica D4; Carbo vegetabilis D6; Crataegus D1; Tabacum D6 (mit Übelkeit, Erbrechen)*

-nach Unfall oder Blutverlust
- *Arnica D3 + Veratrum album D4*
- *Mistel*
- *Rock Rose (bei Panik)*

4.10.3. Herzmuskelentzündung

Hauptmittel
- *Crataegus D; Arsenicum album C30 1 x 5 Glob. tägl.; Cactus D1; Naja D10; Kalmia D6; Lachesis D8; Spigelia D4*
- *Ad1/Iso + Gw1/Iso tgl. wechselnd mit Gw12/Iso + Fb1/Iso*
- *Iso Bicomplex Nr. 12*

Zusätzlich

-bei Rheuma
- *Phytolacca D4; Kalmia D3*
- *Gw5/Iso morgens + Gw7/Iso mittags + Gw11/Iso abends*

4.11. Hypophyse

| Funktionsanregung | • *Bromum D12; Natrium chloratum D8 oder C30; Agnus castus D1 (reguliert weibliches Hormonsystem über Hypophyse)*
• *Hypophysis/Stannum Glob.; Hypophysis suis Injeel* |

4.12. Leber, Galle

4.12.1. Allgemein

Hauptmittel
- *Berberis D4; Bryonia D4; Carduus marianus D4; Chelidonium D4; Chionanthus virginicus D6; Flor de Piedra; Leptandra D2; Lycopodium D6; Nux vomica D6; Taraxacum D4*
- *St2/Iso (Leberenergetikum); St5/Iso Leberschutz; Gw5/Iso; Gw10/Iso (alle Leberleiden; Leberzellschutz); Gw8/Iso + St5 + Sambucus cp Fluid/Iso, je 5 Glob. u. 5 Tr. mischen, 3 x tägl. (bei Leberstoffwechselstörung)*
- *Anagallis comp Glob.; Berberis Komplex Tabl.; Fel Tauri N Komplex Tabl.; Hanohepar Tabl.; Hepar Hevert Sl Tabl.; Legana Kaps.; Toxaprevent plus Pulver (bei erhöhten Leberwerten)*
- *Iso Bicomplex Nr. 27 + 6*
- *Mariendistelsamen, Bärlapp, Boldo, Erdrauch, Gänsefingerkraut, Goldrute, Johanniskraut, Lavendelblüte, Löwenzahn, Fieberklee, Wegwarte, Berberitze, Klette; oder Schwarzer Rettich Tabl. (fördert Leberfunktion)*
- *Agrimony; Chicory*

4.12.2. Gallenblasenentzündung

Siehe Leber / Hauptmittel + Allgemein / Entzündung, S. 15

- *Ad1/Iso + Gw2/Iso + K3/Iso*
- *Chelidonium Kaps./Wala; Nettigall/Iso Tabl.*
- *Ferrum phosphoricum + Natrium sulfuricum akut, ½ stdl. wechselnd je 1 Tabl.; Kalium chloratum (akut); Kalium phosphoricum (bei Fieber); Magnesium phosphoricum (bei Schmerzen)*
- *Berberitze, Klette, Löwenzahnwurzel, Erdrauch; Schwarzer Rettich Tabl.*

4.12.3. Gallenstauung
Siehe Leber / Hauptmittel

- *Chionanthus virginicus D6*
- *St9/Iso im tgl. Wechsel mit St10/Iso + Gw8/Iso; St5/Iso Gallenfluss fördernd*
- *Chelidonium Kaps./Wala*
- *Kalium sulfuricum; Natrium phosphoricum; Natrium sulfuricum*
- *Berberitze, Klette, Pfefferminze, Löwenzahnwurzel, Kurkuma, Rosmarin, Wegwarte, Tausendgüldenkraut; oder Artischocke Tabl.*
- *Aspen (durch Angst); Crab Apple; Rock Water; Scleranthus*

4.12.4. Gallensteine

-zum Abbau
- *Calcium phosphoricum; Natrium phosphoricum; Silicea*
- *Löwenzahnwurzel verhindert Neubildung*

4.12.5. Leberentzündung / Leberschwellung
S.a. Leber / Hauptmittel, Allgemein / Entzündung, S. 15 + Stoffwechsel / Entgiftung, S. 89

- *Magnesium muraticum D2*
- *St5/Iso + Gw8/Iso + Ad1 D10/Iso + Fb1 D10/Iso; Gw10/Iso*
- *Mariendistelsamen, Bärlapp, Löwenzahn, Schafgarbe, Gelbwurz; Abkochung aus 4 g Quassiaholz + 250 g Wasser*

Zusätzlich

-chronisch
- *Lycopodium D6*
- *Kalium sulfuricum*

-mit Gallenstau
- *St5/Iso*
- *Kalium sulfuricum*

-bei Funktionsschwäche der Leber
- *St9/Iso*

-mit Stoffwechselerkrankungen
- *Gw8/Iso*

-durch Vergiftung
- *Flor de Piedra D3; Nux vomica D6*

-durch Medikamente, Überfressen, nicht artgerechte Fütterung
- *Nux vomica D6*

4.12.6. Leberstauung, Pfortaderstau

S.a. Leberstoffwechsel, -störung

• *Gw8/Iso + St5/Iso*

4.13. Lymphsystem

S.a. Abwehrsystem, S. 18

4.13.1. Allgemein

Jede Therapie zur Entgiftung, Darm- und Säftereinigung ist gleichzeitig auch Lymphentlastung und -reinigung. *Milzfunktion beachten!*

Hauptmittel

• *Ailanthus glandulosa D6; Barium carbonicum D6; Magnesium fluoratum D6; Phytolacca D6 (gestörter Lymphabfluss und alle Folgekrankheiten: Mandelentzündung; Brustdrüsenentzündung; Rheuma usw.); Sulfur jodatum D6*
• *Lf1/Iso + St3/Iso oder Lf2/Iso + St1/Iso*
• *24 Calcarea carbonicum Tabl.; Cefalymphat H Amp.; Echinest 160 Tabl.; Lymphaden Hevert Tabl.; Lymphomyosot Tabl.; Scrophularia compositum Cosmoplex Tabl.*
• *Calcium carbonicum; Natrium phosphoricum (Lymphstau bei allen akuten Entzündungen); Natrium sulfuricum; Iso Bicomplex Nr. 4 + 23 + 28*
• *Bockshornklee; Brennnessel; Fenchel; Löwenzahn; Seifenkrautwurzel; Schachtelhalm; Schafgarbe; Sandsegge; Walnussblätter*

Zusätzlich

-Lymphentgiftung
• *Berberis Komplex Hanosan Tabl.; Echinest 160 Tabl.;*
• *Kalium chloratum; Kalium sulfuricum; Iso Bicomplex Nr. 28*
• *Crab Apple*

-Belastung durch Giftstoff- und Medikamente *(s.a. Stoffwechsel/Entgiftung)*
• *Natrium sulfuricum*

-chronisch
• *St3/Iso + Lf1/Iso*

4.13.2. Lymphdrüsenschwellung

Siehe Stoffwechsel/Entgiftung, S. 89

Hauptmittel

• *Barium jodatum D6; Carbo animalis D8; Quercus D6; Cistus canadensis D6; Jodum D6; Clematis D6; Sulfur jodatum D6*

	• *Kalium jodatum D12; Natrium phosphoricum; Iso Bicomplex Nr. 4 + 28*
	Zusätzlich
-chronisch	• *St3/Iso + Lf1/Iso*
	• *Natrium chloratum; Natrium phosphoricum*
-am Hals	• *Lachesis D6*
	• *Calcium carbonicum*
-im hinteren Teil des Körpers (Leiste, Prostata, Gebärmutter, Scheide usw.)	• *Clematis D4; Conium D6*
	• *Säckelblume*
-viele kleine perlschnurartig vergrößerte Drüsen	• *Calcium phosphoricum*
-mit Ohrenentzündung	• *Calcium jodatum D4 + Lapis albus D12*
-mit Verhärtung	• *Cistus canadensis D6; Argentum nitricum D6; Conium D8; Graphites D6; Lapis albus D6*
	• *Iso Bicomplex Nr. 4*
-mit Eiterung	• *Clematis D6; Hepar sulfuris D6*
-nach Unterkühlung, Durchnässung	• *Lachesis*
-im Alter	• *Conium D4*

4.13.3. Lymphknotenentzündung

S.a. Hauptmittel, S. 60 und Allgemein / Entzündung, S. 15

• *Iso Bicomplex Nr. 4 + 24*

4.14. Magen

4.14.1. Allgemein

• *Chamomilla D4; Nux vomica D6; Pimpinella D4*
• *St1/Iso (Magentonus und -sekretion); St10/Iso (Magennerven); Gw15/Iso (allgemeines Magenmittel)*
• *Fenchel; Kamille; Löwenzahn; Melisse; Erdbeerblätter*

4.14.2. Appetit

S.a. Allgemein/Appetitlosigkeit, S. 13, Fettsucht, S. 16 und Appetit pervers, S. 14

-vermindert	•*Silicea*
-vermindert wegen Verdauungsstörungen	•*Kalium chloratum*
-mangelnde Fresslust mit vermehrtem Aufstoßen	•*Antimonium crudum D6*
-Appetitverlust beim Anblick von Fressen	•*Sulfur D4* •*Kalium phosphoricum*
-schnell satt	•*Natrium chloratum*
-vermehrt	•*Calcium phosphoricum; Magnesium phosphoricum*
-Hunger trotz guten Fressens	•*Kalium phosphoricum*
-nervöser Magen	•*Kalium phosphoricum; Magnesium phosphoricum; Natrium chloratum; Natrium phosphoricum*

4.14.3. Erbrechen

Achtung, möglicher Hinweis auf Magendrehung!

	Hauptmittel •*Antimonium crudum D4; Mandragora D6; Tabacum C30* •*Nux vomica comp Kremer Tabl.* •*Magnesium phosphoricum; Natrium chloratum*
-nur Brechreiz	Zusätzlich •*Ipecacuana D6* •*St1/Iso (nach Fütterung)* •*Natrium phosphoricum; Kalium sulfuricum*
-anhaltend	•*Veratrum album D4*
-durch Erbrechen besser	•*Tartarus emeticus D4*
-keine Besserung durch Erbrechen	•*Ipecacuana D4*
-Brechdurchfall	•*Ipecacuana D6; Cuprum aceticum D4* •*Ad1 D10/Iso + St7/Iso + Gw12/Iso + Fb1/Iso* •*Natrium sulfuricum*
-nur morgens *eventuell Hinweis auf Würmer!*	

-nach Fütterung	•*Nux vomica D6 (frisst das Erbrochene sofort wieder)*
-einige Stunden nach Fütterung, Futter unverdaut	•*Kreosotum D6*

-von Galle	•*Chamomilla D4*
	•*St5/Iso*
	•*Iso Bicomplex Nr. 16*
	  -nur morgens
	  •*Bryonia D6*

-von Schleim	•*Ignatia D8; Ipecacuana D6 (eventuell auch blutige Streifen im Erbrochenen)* •*W1/Iso + St7/Iso* •*Isonetten S Tabl./Iso* •*Natrium chloratum*
-von saurer Flüssigkeit	•*Iris D4* •*Natrium phosphoricum*
-von wässriger Flüssigkeit	•*Gw2/Iso + Fb1/Iso* •*Natrium chloratum*
-blutig	•*Kreosotum D4*
-von Muttermilch	•*Aethusa D4*
-durch Nahrung, verdorbener Magen (Fressen zu fett, schwer verdaulich, zu viel)	•*Antimonium crudum D4; Bryonia D6 (Hund trinkt viel); Nux vomica D6* •*St1/Iso* •*Crab Apple*
-nach kaltem Trinken, Schnee fressen	•*Calcium phosphoricum ¼ stdl. 1 Tabl.*
-nach Gehirnerschütterung	•*Cocculus D6; Hypericum D8* •*Ad2/Iso*
-infektiös bedingt	•*St10/Iso + W1/Iso* •*Crab Apple*
-nervös bedingt, Aufregung, Angst	•*St9/Iso* •*Rock Rose; Aspen; Mimulus*

4.14.4. Säuremangel

•*Acidum muraticum D12; Antimonium crudum D4*
•*St1/Iso im tgl. Wechsel mit St8/Iso + Gw16/Iso + Ad3/Iso*
•*Aquilinum comp Glob.*

- *Natrium phosphoricum nach der Fütterung eingeben; Iso Bicomplex Nr. 17 6 x tägl. 1 Tabl.*
- *Mischung aus 10 g Angelikawurzel, 10 g Enzianwurzel, 10 g Tausendgüldenkraut als Pulver in Kapsel ¼ Stunde vor der Fütterung*

4.14.5. Säureüberschuss

- *Ambra D3 nach dem Fressen; Argentum nitricum D12 1 x 5 Glob. vor dem Fressen; Capsicum D4; Carbo vegetabilis D4; Iris D4*
- *Gw11/Iso + St7/Iso oder St10/Iso (bei nervösem Ursprung)*
- *Luvos Heilerde Kaps. Mikrofein (Säure- und Giftbindung)*
- *Natrium chloratum vor der Fütterung eingeben; Natrium phosphoricum (auch saures Aufstoßen), nach jedem Fressen 1 Tabl.; Iso Bicomplex Nr. 16*

4.14.6. Magenschleimhautentzündung

Siehe auch Allgemein Entzündung, S. 15. *Leber und Darm beachten!*

Hauptmittel
- *Nux vomica D6*
- *St7/Iso + Gw12/Iso + Capsella cp Fluid/Iso je 2 Glob. und Tr. in 1/8 l Wasser, tagsüber schluckweise*
- *Fel Tauri N Komplex Tabl.; Nux vomica comp Kremer Tabl.; Luvos Heilerde Kaps. Microfein; Toxaprevent plus Pulver ½ Stunde vor dem Fressen mit etwas Wasser*
- *Magnesium phosphoricum (krampfartige Schmerzen); Ferrum phosphoricum (Schmerzen vermehrt nach Fressen); Kalium chloratum; Natrium chloratum (vermehrter Durst, verstärkter Speichelfluss); Natrium phosphoricum*
- *Anis; Eibischwurzel; Frauenhaar; Malvenblätter; Fieberklee; Kamille*
- *Rock Rose*

Zusätzlich

-chronisch
- *Antimonium crudum D4*
- *Gw15/Iso + Lf2/Iso*

-mit Appetitlosigkeit
- *Kalium jodatum*

-mit Erbrechen
- *Ipecacuana D4; Natrium carbonicum D4*

-mit Gallenstau
- *Kalium sulfuricum + Natrium sulfuricum mehrmals tgl. je 2 Tabl.*

-allergisch *(s.a. Abwehrsystem/ Allergie)*
- *Gw11/Iso + St9/Iso im tgl. Wechsel mit St10/Iso*

-nervös *(s.a. Nervensystem und psychische Probleme)*	• *Argentum nitricum D12; Ambra D3; Magnesium carbonicum D6; Nux vomica D4* • *St10/Iso im tgl. Wechsel mit St9/Iso + Sambucus cp Fluid/Iso 3 x tgl. je 10 Glob. und Tr.* • *Kalium phosphoricum + Natrium chloratum mehrmals tgl. je 2 Tabl.; Iso Bicomplex Nr. 16* • *Holly*
-infektiös	• *St10/Iso + W1/Iso je 5 Glob. 5 x tgl.* • *Crab Apple*
-mit Krämpfen oder Durchfall	• *Chamomilla D4; Cuprum arsenicosum D12 (kolikartig)* • *Magnesium phosphoricum*
-mit starker Übersäuerung	• *Natrium phosphoricum*
-mit Aufstoßen	• *Magnesium phosphoricum*
-mit Fettunverträglichkeit	• *Natrium phosphoricum; Natrium sulfuricum*
-bei Schleimhautveränderung	• *Gw15/Iso im tgl. Wechsel mit Gw16/Iso*

4.14.7. Magenfunktionsschwäche

Es kommen verschiedene Organe als Ursache in Betracht: Leber, Niere, Milz, Lymphe oder auch die Psyche!

Hauptmittel
• *Nux vomica D6 +Pimpinella D4*
• *Gw15/Iso + St10/Iso im tgl. Wechsel mit St8/Iso*
• *Aquilinum comp. Glob.*
• *Anissamen, Ehrenpreis, Enzianwurzel, Tausendgüldenkraut, Wermut;*
  Teemischung aus 20 g Kondurangorinde, 15 g Pfefferminze, 15 g Stiefmütterchen, 10 g Kamille, 10 g Ringelblume, 10 g Melisse;
  Galgantpulver, etwas Pulver jedem Futter beimischen

4.15. Maul / Rachen / Zähne

4.15.1. Kehlkopfentzündung

S.a. Allgemein / Entzündung, S. 15

Hauptmittel
• *Aconitum D6, Sambucus nigra D4, Spongia D6*
• *Gw14/Iso + Fb1/Iso + Br1/Iso + Ad1 D10/Iso*
• *Larynx comp. Glob.*
• *Magnesium phosphoricum*

4.15.2. Mandelentzündung

Siehe Allgemein / Entzündung, S. 15, Lymphsystem, S. 60 und Abwehrsystem, S. 18

	Hauptmittel
	• *Barium carbonicum D8; Belladonna D6 (plötzlich auftretend); Lachesis D8; Phytolacca D8*
	• *Ad1/Iso + Fb1/Iso*
	• *Lymphomyosot Tabl.; Mandelokatt N Tabl.; Tonsipret Tabl.*
	• *Calcium carbonicum; Natrium phosphoricum+Ferrum phosphoricum ¼ stdl wechselnd je 1 Tabl.; Kalium arsenicosum; Kalium jodatum; Sulfur jodatum; Iso Bicomplex Nr. 11 + Nr. 4*
	• *Brombeerblätter; Frauenhaarblätter; Thymian; Eibischwurzel; Fenchel; Holunderblüten; Malve; Ringelblume; Salbei; Schlüsselblumenblüten; Bockshornklee*
	• *Crab Apple; Holly*
	Zusätzlich
-chronisch	• *Barium carbonicum D8; Guajacum D4*
	• *Silicea*
-mit Schwellung	• *Apis D8; Cantharis D6*
	• *Lf1/Iso*
	• *Calcium fluoratum 3 x 1 Tabl., über einen längeren Zeitraum geben (auch bei Verhärtung der Mandeln)*
-mit Entzündung der Rachenschleimhäute *(siehe Rachenentzündung)*	• *Gw13/Iso*
-mit üblem Mundgeruch	• *Kalium phosphoricum*
-schwere Form der Mandelentzündung	• *Lachesis D12 + Pyrogenium C30* • *Gw14/Iso*
-mit Abszess	• *Myristica sebifera D4*
-mit Mandeleiterung	• *Hepar sulfuris D6; Kalium bichromicum D6* • *Gw13/Iso* • *Calcium sulfuricum; Natrium phosphoricum*
-mit Mandelvergößerung	• *Phytolacca D8; Sulfur jodatum D4*

4.15.3. Mundgeruch

	• *Asa foetida D8; Sepia D12*
	• *Kalium Phosphoricum; Iso Bicomplex Nr. 1 + 3*

4.15.4. Mundschleimhautentzündung
Siehe Allgemein / Entzündung, S. 15

- *Ferrum phosphoricum ¼ stdl. 1 Tabl.; Kalium phosphoricum ¼ stdl. 2 Tabl.*

4.15.5. Rachenentzündung
Siehe Allgemein / Entzündung, S. 15

- *Belladonna D6 (mit Schluckbeschwerden); Sambucus nigra D4*
- *Gw14/Iso + Gw13/Iso + Populus cp Fluid/Iso je 10 Glob. und Tr. in 1/8 l Wasser auflösen und schluckweise eingeben*
- *Mandelokatt N Tabl.; Larynx comp. Glob.*
- *Kalium phosphoricum + Calcium phosphoricum stdl. je 1 Tabl.*

4.15.6. Schnupfen, Nasennebenhöhlenentzüngung
Siehe Allgemein / Entzündung, S. 15, Lymphsystem, S. 60 und Abwehrsystem, S. 18

	Hauptmittel
	Rumex crispus D6; Sambucus nigra D4; Nux vomica D6; Euphrasia D4
	Cinnabaris Ptk Tabl.; Drosera-Komplex Hanosan Tabl.
	Zusätzlich
-zur Schleimlösung	*Cinnabaris D6 + Hydrastis D6 + Kalium bichromicum D6 + Luffa D6*
-starke Schleimhautsekretion	*St3/Iso* *Bicomplex Nr.21/Iso*
-zäher Schleim, fadenziehend	*Coccus cacti D4*
-mit Vergrößerung der lokalen Lymphknoten	*Phytolacca D6* *Lf1/Iso*
-gelb-grün	*Pulsatilla D8*
-mit häufigem Niesen	*Magnesium phosphoricum*

4.15.7. Speichelfluss, übermäßig

-bei dazu disponierten Rassen (Boxer, Dogge usw.)	*Atropinum sulfuricum D6 + Kalium bichromicum D8, 3 Wochen lang tgl. je 3 x 6 Glob.*

4.15.8. Zähne

Hauptmittel
- *Staphisagria D6 (schlechte Zahnbeschaffenheit)*
- *Gw4/Iso*
- *Kalium sulfuricum; Iso Bicomplex Nr. 30*

Zusätzlich

-Zahnschmelz zu weich
- *Calcium carbonicum*

-kariös
- *Kreosotum D6; Mezereum D4; Staphisagria D6*
- *Gw4/Iso*
alle Mittel langfristig geben:
- *Natrium chloratum; Natrium chloratum;*
  Bicomplex Nr. 30/Iso

-lockere
- *Staphisagria D4*
- *Gw4/Iso + Kn4/Iso 1 x tgl. abends*
- *Calcium fluoratum*

-Zahnsteinbildung vorbeugend
- *Fragaria D3*
- *St1/Iso + W1/Iso*
- *Centaury; Crab Apple*

-Verfärbung
- *Silicea D12*

-eitrig
- *Gw4/Iso*
- *Iso Bicomplex Nr. 11*

-Zahn ziehen *(siehe Notfall, Operation)*

  -bei Blutung danach *(siehe Notfall / Blutstillung)*
- *Capsella cp Fluid innerlich und äußerlich*
- *Calcium phosphoricum*

  -Schwellung danach
- *Phytolacca D4;*
- *Calcium sulfuricum; Kalium chloratum; Silicea*

4.15.9. Zahnfleisch

-Entzündung
- *Aurum D6*
- *Kalium phosphoricum; Silicea D12*
- *20 g Brombeerblätter, je 15 g Salbei-, Malven-, Rosmarin- und Gänseblümchenblätter, 5 g Gewürznelken, 10 g Schachtelhalm in ½ Liter Wasser kochen und abseihen, mehrmals täglich das Zahnfleisch damit betupfen*

-akut, bakteriell
- *Gw14/Iso*

-chronisch
- *Gw11/Iso*

	zum Betupfen:
	• *Gw12/Iso + Fb1/Iso + Capsella cp Fluid, je 10 Glob. und Tr. auf 1/8 l Wasser (auch bei Zahnfleischschwund)*
	• *Kalium phosphoricum; Kalium sulfuricum; Natrium chloratum*
-blutend	• *Kalium phosphoricum*
-durch Infektion	• *Gw13/Iso*
-Geschwürbildung	• *Gw14/Iso*

4.15.10. Zungenentzündung
Siehe Allgemein/ Entzündung, S. 15

-akut	• *Acidum fluoricum D4*
	• *Ad1 D10/Iso + Gw12/Iso*
-chronisch	• *Gw7/Iso*
-infektiös	• *Gw14/Iso + W1/Iso + Kn5/Iso 1 x tgl. Abends*

4.16. Milz
Fehlender Appetit kann ein Anzeichen einer schwachen Milzfunktion sein. Siehe auch Blut, S. 37

	Hauptmittel
	• *Grindelia D3; China D4 (Milzschwellung); Scolopendrium D2; Ceanothus D1 und D4 (Milzfunktion)*
	• *Gw8/Iso (Regelung des Zusammenspiels der Oberbauchdrüsen); Gw9/Iso (Milzfunktion); Gw10/Iso (Milz- und Leberentgiftung); St9/Iso (Funktionssteigerung von Milz und Bauchspeicheldrüse)*
	• *Splen suis Injeel Amp.; Lien comp Glob.; Lien plumbum Amp. (Milzvergrößerung); Infi Leptandra Inj. Amp.*
	• *Magnesium phosphoricum; Iso Bicomplex Nr. 4 + Nr. 10*
	• *siehe Kräuter für die Lymphe; Wegwarte (Milz anregend)*

4.17. Nebenniere

Funktionsanregung	• *Cortisonum D30 (für Schäden nach Cortisoneinnahme, auch chronische Hautleiden, die mit Cortison behandelt wurden)*
	• *Glandulae suprarenales comp. Glob.; Glandula suprarenalis suis injeel*
	• *Elm, Mimulus, Heather, Rock Rose*

4.18. Nervensystem / Gehirn

S.a. psychische Probleme, S. 81

4.18.1. Allgemein

- *Ambra (Durchblutungsstörungen im Gehirn); Hypericum D4 (alle Folgen von Verletzungen und Gehirntraumen); Ignatia D8 (Überempfindlichkeit des Nevensytems und aller Sinne); Stramonium D4 (Erregungszustände des Zentralnervensystems).*
- *Fb1/Iso; Fb2/Iso (Erregungszustände des Zentralnervensystems)*
- *Cerebellum comp. Glob. (vom Gehirn aus gehende Erregungszustände); Cerebrum comp. A cum Auro comp. Glob. (degenerative Veränderungen im Zentralnervensystem); Isoskleran Tabl. (Durchblutungsstörungen im Gehirn); Oyo Drag. (Durchblutungsstörungen im Gehirn); Valeriana N Komplex Hanosan Tabl. (Störungen im vegetativen Nervensystem); Zincum cyanotum F Tabl. (Verletzungen und Funktionsstörungen im Zentralnervensystem)*
- *Zincum chloratum (Gehirn und Rückenmark); Iso Bicomplex Nr. 19 (Nerven- und Gehirnmittel, normalisiert Stoffwechsel des gesamten Nervensystems)*

Zusätzlich

-Desorientiertheit
- *Cicuta virosa D6, Hyoscyamus D4*

-Koordinationsstörungen
- *Zerosorin Tabl., Zincum cyanotum F Tabl.*

4.18.2. Angstzustände

S.a. psychische Probleme, S. 81

- *Stramonium D4 (Angstzustände, Panik)*
- *Kalium bromatum, Natrium phosphoricum, Silicea, Zincum chloratum, Iso Bicomplex Nr. 19*

4.18.3. Epilepsie / Krampfanfälle

Hauptmittel
- *Agaricus D4; Cicuta virosa D6; Cuprum metallicum D6; Helleborus D3; Hyoscyamus D4; Oenanthe crocata D6; Stramonium D4*
- *Fb1 D10/Iso + St10/Iso + Lf1/Iso + Sambucus cp Fluid*
- *Cerebrum comp. NM Amp.; Valeriana N Komplex Hanosan Tabl.; Zincum cyanotum F Tbl.*
- *Calcium phosphoricum 5 x tgl. 1 Tabl.; Cuprum arsenicosum; Kalium arsenicosum; Kalium bromatum; Silicea D12; Zincum chloratum; Magnesium phosphoricum*

	• *Arnikablüten; Frauenmantel; Goldraute; Hirtentäschel; Knabenkraut; Mistelkraut; Schafgarbe* • *Chestnut Bud; White Chestnut*

Grundsätzlich zur Behandlung der Krampfbereitschaft:
• *Cuprum metallicum D200 alle 4 Wochen 1 x 5 Glob.; Argentum nitricum D200 alle 4 Wochen 1 x 5 Glob.; Bufo C30 2 x wöchentlich 1 x 5 Glob.; Zincum valerianicum D12 abends 1 x 5 Glob.;*

	Zusätzlich
-drohender Anfall	• *Ferrum phosphoricum*
-bei Anfall	• *Belladonna D6* • *St10/Iso 15 Glob. auf Zunge geben* • *Magnesium phosphoricum* • *Cherry Plum; Holly; Rescue*
-nach Anfall	• *Ad3/Iso + Fb1/Iso + Lf1/Iso + St1/Iso* • *Walnut*
-bei Welpen	• *Aethusa D2; Cicuta virosa D4* • *Fb1 D10/Iso + W1/Iso + Lf2/Iso tgl. je 3 x 2Glob. + St10/Iso morgens und abends je 5 Glob.*
-mit Lähmung danach	• *Curare D6; Plumbum metallicum D6*
-nach Narkose	• *Opium D30*
-nach Impfung	• *Silicea D12*

4.18.4. Gehirnerschütterung

	• *Arnica D3; Barium carbonicum D12; Hypericum D4* • *Fb1/Iso + Gw2/Iso* • *Cerebellum comp. Glob.; Cerebrum comp NM Amp.* • *Cuprum arsenicosum; Ferrum phosphoricum* • *Gänseblümchenblüten; Augentrost; Arnikablüten; Kamille; Thymian* • *Rescue*
-Nachbehandlung	• *Ad3/Iso + St1/Iso + Gw1/Iso + Fb1/Iso; St10/Iso (posttraumatische Schmerzen)* • *Natrium sulfuricum*
-danach Gedächtnis- schwund	• *Natrium sulfuricum*
-danach Sehstörungen	• *Magnesium phosphoricum*

-bei Spätfolgen	•*Arnica D200 1 x 5 Glob.; danach Natrium carbonicum D4 3 x tgl. 5 Glob.* •*Natrium sulfuricum*

4.18.5. Lähmung

Hauptmittel
- •*Chenopodium ambrosiodes (Urtinktur); Curare D4; Arnica D3 (nach Verletzung; auch Bandscheibenvorfall); Hypericum D4 (nach Verletzung; auch Bandscheibenvorfall)*
- •*Keltican forte Drag. (auch Dackellähme); Zerosorin Tabl.*
- •*Kalium phosphoricum + Magnesium phosphoricum + Calcium phosphoricum ¼ stdl. wechselnd je 2 Tabl.; Kalium arsenicum D12; Iso Bicomplex Nr. 5; Kalium phosphoricum Salbe*

	Zusätzlich
-plötzlich	•*Nux vomica D6*
-durch Erregung; Angst	•*Gelsemium D6*
-nach Erkältung; Durchnässt	•*Dulcamara D4*
-durch Schwäche im Nervensystem	•*Acidum picrinicum D6; Agaricus D6; Helleborus niger D6*
-der Beine durch das Rückenmark	•*Lathyrus sativus D1*
-des Hinterteils	•*Causticum D8; Oleander D4; Petroleum D4*

4.18.6. Müdigkeit
Siehe Allgemein / Allgemeine Schwäche, S. 13

	•*Natrium chloratum; Kalium phosphoricum*
-durch Erschöpfung	•*Iso Bicomplex Nr. 3*

4.18.7. Nervenschwäche
S.a. psychische Probleme, S. 81

	•*Cocculus D6 (mit Zittern); Zincum valerianicum D12; Mischung zur Stärkung der Nerven: China D4 + Nux vomica D4 + Passiflora D2 + Silicea D6 + Zincum metallicum D8 zu gleichen Teilen mischen, 3 x täglich 10 - 30 Glob. (je nach Größe des Hundes)*

	• *Fb1/Iso (Überempfindlichkeit, Nervosität)*
	• *Natrium phosphoricum; Kalium arsenicosum (Nerven-aufbau); Kalium bromatum; Zincum chloratum (Nerven stärkend); Iso Bicomplex Nr. 5 + 18*
	• *Hopfenzapfen; Baldrian; Lavendelblüten; Melisse; Passionsblume; Rosmarin; Schafgarbe; Weißdornblüten*
	Zusätzlich
-von Schreck, Angst, Kummer	• *Ignatia D8*
-mit Erregung	• *Hyoscyamus D4*
	• *Fb1/Iso + Viscum album cp fluid 5 Glob. und 5 Tr. in ⅛ l Wasser auflösen, tagsüber schluckweise geben*
-mit Appetitlosigkeit *(s.a. Allgemein/ Appetitlosigkeit)*	• *Chamomilla C30*
-mit Abmagerung *(s.a. Allge-mein/ Abmagerung)*	• *Ignatia C30; Hyoscyamus C30*

4.18.8. Rückenmarksentzündung/-verletzung

| | • *Harpagophytum D4; Hypericum D4* |
| | • *Keltican forte Drag.; Zincum cyanotum F Tabl. (Verletzungen und Funktionsstörungen im Zentralnervensystem)* |

4.18.9. Schlafstörungen, nervöse Unruhe
Siehe auch Nervenschwäche und psychische Probleme, S. 81

	• *Ignatia D8*
	• *Fb1/Iso + Ad1/Iso + St10/Iso + Sambucus cp Fluid/Iso*
	• *Valeriana N Komplex Hanosan Tabl.*
	• *Kalium phosphoricum 6x tgl. 1Tabl.; Magnesium phosphoricum (bei großer Erregbarkeit) ¼ stdl. 1 Tabl.; Kalium bromatum; Zincum chloratum; Iso Bicomplex Nr. 19*
	• *Impatiens; Scleranthus*
	Zusätzlich
-zur Beruhigung	• *Passiflora D1; Zincum valerianicum D3*
-Schlafstörungen aus Nervosität	• *Chamomilla D6*
	• *Infi Damiana Inj. N Amp.; Nervoregin comp H Pflüger Amp. und Tabl.; Neurexan Tabl.; Pflügerplex Crocus 328 H Tabl.; Sedakatt Tabl.*
	• *Kalium phosphoricum; Natrium chloratum*
-öfteres nächtl. Erwachen	• *Natrium sulfuricum*

-nachts schlaflos, am Tag schläfrig	• *Agaricus D6* • *Natrium sulfuricum*
-Alpträume	• *Natrium sulfuricum* • *Aspen*
-im Alter	• *Arsenicum album C30 (möchte nachts ins Freie, muss aber nicht urinieren)*

4.18.10. Schlaganfall

Unterstützend zur tierärztlichen Behandlung	• *Arnica D3; Barium carbonicum D12; Belladonna D6* • *Gw12/ISO + Fb1/Iso + Ad3/Iso* • *Cerebrum comp NM Amp.* • *Ferrum phosphoricum wenn bei Bewusstsein ¼ stdl. 1 Tabl.; Silicea D12* • *s.a. Epilepsie* • *Rescue*
	Zusätzlich
-mit Koordinationsstörungen	• *Zerosorin Tabl.; Zincum cyanotum F Tabl.*
-mit Apathie und Schlafsucht	• *Helleborus niger D6*
-mit Blutdruckabfall	• *Tabacum D30; Veratrum album D3*
-mit Lähmung *(s.a. Lähmung)*	• *Plumbum metallicum D8* • *Kalium phosphoricum*
-rechtsseitige Lähmung -linksseitige Lähmung -Lähmung der unteren Extremitäten	• *Crotalus horridus D12* • *Lachesis D8* • *Oleander D6*
-wacht nach Schlaganfall nicht mehr auf	• *Opium D30*
-Nachbehandlung	• *Cuprum metallicum D6; Arnica D3; Hypericum D3 + Helleborus D3 4 Wo. lang je 3 x tgl. 5 Glob.; Hyoscyamus D4* • *Ferrum phosphoricum + Silicea D12 je 3 x 1 Tabl. über mehrere Wochen*

4.18.11. Überreizung (auch sexuelle)

Siehe Rüden und Hündin / sexuelle Überreizung, S. 93 + S. 101

	• *Hyoscyamus D4; Passiflora D1 (Beruhigung)* • *Fb1/Iso + Viscum album cp Fluid/Iso je 5 Glob. und Tr. in 1/8 l Wasser, tagsüber geben*

- *Kalium bromatum D12; Kalium aluminium sulfuricum (Irritationen des Nervensystems, vegetativ beeinflusste Funktionsstörungen); Kalium arsenicosum (Nervenstörungen); Zincum chloratum; Iso Bicomplex Nr. 19*
- *siehe Nervenschwäche*

Zusätzlich

-Erregung mit unwillkürlichem Stuhl- und Harnabgang
- *Hyoscyamus D4*

-nach Schreck, Angst
- *Ignatia D8; Belladonna D6*

-durch Kummer
- *Ignatia D8*

-mit Panik, Angst
- *Stramonium D4*
- *Ferrum phosphoricum; Kalium phosphoricum; Magnesium phosphoricum*

4.19. Nieren / Blase

4.19.1. Allgemein

Hauptmittel
- *Berberis D4; Flor de piedra (Nierenfunktionsmittel); Lycopodium D6; Solidago D2; Taraxacum D4*
- *St6 (Nierenenergetikum); Kn2/Iso abends 5 Glob. (Konstitutionsmittel); St17/Iso (Blasenstärkung)*
- *Berberis Komplex/Hanosan Tabl.; Renes/Equisetum comp Glob.*
- *Iso Bicomplex Nr. 20*

Zusätzlich

-Ausscheidung stärkend
- *Kalium chloratum; Kalium sulfuricum; Bicomplex Nr. 10*
- *Attich; Petersilie; Bohnenschalen; Blasenkraut; Goldrute; Bärentraube; Brennnessel; Birke; Berberitze; Liebstöckel; Odermennigkraut; Schafgarbenblüten; Schwarze Johannisbeere Blätter (fördert Ausscheidung von Kristallen); Zinnkraut*
- *Olive*

-Blasenfunktion stärkend
- *Iso Bicomplex Nr. 26*

-harntreibend und entschlackend
- *Birkenblätter; Gänsefingerkraut; Goldrute; große Klette; Eibisch; Hauhechel; Heidekraut; Kleines Habichtskraut; Löwenzahnblätter und -wurzeln*

-Nierenschwäche nach Vergiftung
- *Flor de Piedra; Solidago D2*

-Eiweiß im Urin	• *Argentum nitricum D6*
	• *Calcium phosphoricum; Iso Bicomplex Nr. 20 und 26*
-Blut im Urin	• *Phosphor C30*
-Kreatinin erhöht	• *Brennnesselsamen*

4.19.2. Blasenentzündung
Siehe Allgemein / Entzündung, S. 15

	• *Acidum benzoicum D4; Berberis D3; Cantharis D6; Chimaphila D6; Equisetum D6; Sabal serrulatum D4*
	• *Fb1/Iso + St2/Iso + Kn4/Iso + Gw2/Iso*
	• *Quercus Komplex Hanosan Tabl.*
	• *Magnesium phosphoricum (bei Harnverhalten und Krampf); Natrium chloratum; Lithium chloratum; Iso Bicomplex Nr. 6*
	• *Heidekraut; Kleines Habichtskraut; Hirtentäschel; Schwarze Johannisbeere Blätter; Schachtelhalm*
	• *Crab Apple*
	Zusätzlich
-chronisch	• *Lycopodium D6; Chelidonium D4 (trüber, übelriechender Urin); Pareira brava D6; Sarsaparilla D4 4 Wochen lang*
	• *wie akut; aber statt Kn4/Iso; Kn2/Iso geben + Populus cp Fluid/Iso*
	• *Iso Bicomplex Nr. 24*
-infektiös	• *Dulcamara D4*
	• *St4/Iso + Kn4/Iso*
	• *Bärentraube (auch als Drag.); Brennnessel; Heidekraut; Kleines Habichtskraut; Hirtentäschel; Schachtelhalm; Cranberrybeeren; getrocknete Preiselbeeren*
-nach Erkältung, durchnässt	• *Dulcamara D6; Aconitum D4; Rhus toxicondendron D4*
-mit Schmerzen	• *Cantharis D6*
	• *Sambucus cp Fluid/Iso äußerlich auf Blasengegend einreiben*
	• *Iso Bicomplex Nr. 20 + Nr. 26*
-mit häufigem Harndrang	• *Cantharis D6; Petroselinum D4*
-Blut im Urin	• *Hamamelis D2; Ipecacuana D8 2 x 8 Glob.; danach Cantharis D10; Petroselinum D2*
	• *Capsella cp Fluid/Iso*
	• *Goldrutenkraut und Beinwellwurzel 5 Min in Wasser kochen; abseihen; als Tee geben*
-beim alten Hund	• *Populus tremuloides D2*

-durch das Fressen giftiger Pflanzen	•*Cantharis D12*

4.19.3. Blasenlähmung

	•*Equisetum D6 + Solidago D4 + Sabal serrulatum D4 (»homöopathischer Katheter«); oder Rubia tinctorum D1 + Berberis D4 + Cantharis D6 zusammen geben* •*Natrium sulfuricum; Iso Bicomplex Nr. 26*
-Blasenentleerungsstö-rungen/ -lähmung durch Wirbelsäulenproblematik *siehe Bewegungsapparat/ Wirbelsäulenerkrankungen)*	Zusätzlich •*Plumbum aceticum D6* •*Disci Bamb HOM und HM Injektion* •*Magnesium phosphoricum; Natrium chloratum*
-nach Unfall/ Verletzung	•*Arnica D4*
-nach Operation	•*Arnica D4; Berberis D3; Causticum D6; Solidago D4; Staphisagria D6*
-Blasenentleerungsstörung	•*Cannabis D6 (schwieriger; mühsamer Harnabgang)*
-nervöses Harnverhalten	•*Hyoscyamus D6; Petroselinum D2*

4.19.4. Blasenschwäche, Reizblase

Immer überprüfen, ob eine Pilz- oder Bakterieninfektion vorliegt!

-Inkontinenz/ Stubenun-reinheit *(s.a. psychische Probleme)*	•*Plantago major D6 (auch bei unwillkürlichem Harnab-gang); Equisetum D6* •*Gw17/Iso +Ad3/Iso + Kn2/ Iso + Viscum album cp Fluid/ Iso (nervös bedingt) oder Rhododendron cp Fluid/Iso (bei Blasenschwäche)* •*Natrium sulfuricum; Iso Bicomplex Nr. 5 und 26* •*Cherry Plum; Hornbeam*
-nach Krankheit	•*Hyoscyamus D12*
-Nervosität, Unsicherheit, Angst	•*Hyoscyamus D6* •*Larch*
-um Aufmerksamkeit zu erregen	•*Stramonium D6* •*Chicory; Heather*
-wegen zu strenger Behand-lung, Quälerei	•*Centaury; Larch*

-aus Protest oder Dominanz	• *Beech; Vine*
-unwillkürlicher Harnab- gang	• *Nux vomica D6; Pulsatilla D6*
-Urinabgang beim Schlafen	• *Plantago Major D6; Petroselinum D2* • *Gw17/Iso* • *Natrium sulfuricum; Kalium phosphoricum*
-hält nachts nicht durch	• *Petroselinum D6*
-aus Eifersucht	• *Hyoscyamus D6*
-überschießende Reaktion bei der Begrüßung	• *Heather; Larch*
-Nachtröpfeln	• *Equisetum D6; Hyoscyamus D6; Petroselinum D2* • *Gw17/Iso*
-beim Welpen	• *Gelsemium C30 (bei Aufregung; sonst stubenrein)* • *Zappelin/Iso* • *Calcium carbonicum (verspätetes Sauberwerden)*

4.19.5. Blasen / Nierensteine

	Zur Auflösung, wenn möglich: • *Acidum benzoicum D4; Acidum oxalicum D4; Berberis D3;* *Cantharis D6; Chimaphila D6; Capsella bursa pastoris* *D6; Ocimum canum D6; Rubia tinctorum D1* • *St6/Iso + Gw6/Iso* • *Berberis Komplex/Hanosan Tabl.; Ubichinon Amp ½ Am-* *pulle tgl. trinken lassen* • *Calcium phosphoricum + Natrium sulfuricum im stdl.* *Wechsel geben; Iso Bicomplex Nr. 9*
-Steinausscheidung (wenn noch möglich)	• *Berberis D3 (erleichtert Steinabgang)* • *St6/Iso + Gw6/Iso* • *Kalium phosphoricum + Magnesium phosphoricum + Nat-* *rium phoshosphoricum + Silicea je 4 x tgl. 1Tabl.* • *Cherry Plum; Rock Water; Walnut*
-mit Blasenentzündung *(s.* *Blasenentzündung)*	• *Berberis D6; Terebinthina D3* • *St2/Iso + Ad1/Iso*
- Blasengrieß mit Nieren / Bla- senentzündung *(s. Nieren-/* *Blasenentzündung)*	• *Acidum benzoicum D4* • *Natrium phosphoricum; Calcium phosphoricum*
-Verhinderung der Neubil- dung	• *Hydrangea D3 regelmäßige Einnahme; Hyoscyamus D6;* *Urtica Urens D3*

*und / oder als Kur: Sulfur D12 zwei Wochen 3 x 5 tgl.,
danach Calcium carbonicum D12 zwei Wochen 3 x tgl.
5 Glob; danach Lycopodium D12 zwei Wochen 3 x tgl. 5
Glob.*

- *Ubichinon Amp. 1 x wöchentl. 1 Amp.*
- *Calcium phosphoricum D12; Natrium phosphoricum;
Silicea*
- *getrocknete Preiselbeeren; tgl. ins Futter*
- *Rock Water; Walnut*

4.19.6. Nierenentzündung / Nephrose

- *Apis D4, Berberis D6, Cantharis D6, Chimaphila D6,
Solidago D2*
- *Gw6/Iso + St6/Iso*
- *Quercus Komplex Hanosan Tabl.*
- *Bärentraube (auch als Drag.); Eibisch; Heidekraut; Kleines Habichtskraut*

Zusätzlich
-chronisch
- *Terebinthina D4, Solidago D1*
- *Calcium sulfuricum; Kalium sulfuricum; Natrium chloratum; Natrium phosphoricum*
- *Eibisch; Hauhechelkraut*

-nach Erkältung, durchnässt
- *Dulcamara D4*

-mit häufigem Harndrang
- *Petroselinum D4*

-Harnvergiftung
- *Lespedeza sieboldii D4; Solidago D2*

4.20. Ohren

4.20.1. Allgemein
Ohren regelmäßig reinigen, vor allem nach dem Schwimmen!

-Hörstörung
- *Ferrum phosphoricum; Iso Bicomplex Nr 8*

-schwerhörig
- *Silicea D12 + Calcium fluoratum D12 je 6 x tgl.*

-Hautentzündung an der
  Ohrmuschel
- *Tellurium D12*

-frische Narben am Ohr
- *Graphites D6 +* • *Silicea D12 je 4 x tgl.*
- *Echinacea Salbe; Calendulasalbe*

-alte Narben am Ohr, auch vom Kupieren	• *Acidum hydrofluoricum D8* • *Narbengel von Wala*
-Blutohr	• *Arnica D6 + Hamamelis D3 + Bellis perennis D2 je 5 Glob. alle 2 Stunden. Die Resorption kann mehrere Wo. dauern; Arnikasalbe (akut), mehrmals täglich einreiben* • *Siliceasalbe zur Nachbehandlung (um Deformationen zu vermeiden)*
-stinkendes Ohrenschmalz *(s.a. Stoffwechsel/ Entgiftung)*	• *Acidum nitricum D4* • *Kalium sulfuricum; Magnesium phosphoricum; Natrium phosphoricum*
-übelriechender Ausfluss	• *Aethiops antimonialis D4; Aurum D8*

4.20.2. Ohrenentzündung

S.a. Allgemein / Entzündung, S. 15. *Stoffwechsel beachten!* Einseitig rechts: *Leber und Darm beachten, Fütterung!* Einseitig links: *Eierstockfunktion beachten, gestörter Hormonhaushalt*

	Hauptmittel • *Acidum nitricum D8; Belladona D6 (mit Fieber); sonst Aconitum D6 (beide nur anfangs); Calendula D3; Hydrastis D8; Pulsatilla D6; Sulfur D6 (Reaktionsmittel bei allen Ohrenentzündungen)* • *Gw4/Iso + Fb1/Iso + Ad1/Iso* • *Calcium sulfuricum; Ferrum phosphoricum D6 (akut); Ferrum phosphoricum D12 (langsam beginnend, ohne Beeinträchtigung des Allgemeinzustands); Iso Bicomplex Nr. 21* • *Calendulatinktur möglichst unverdünnt ins Ohr träufeln; wenn schmerzhaft, entsprechend verdünnen* • *Holly*
	Zusätzlich
-hartnäckig	• *Kn4/Iso 1 x 10 Glob.*
-chronisch	• *Calcium jodatum D3; Tellurium D12; Thuja D6* • *Gw11/Iso + Populus cp Fluid/Iso 3 x tgl. je 5 Glob. und Tr.* • *Silicea*
-verschleppt, wiederkehrend	• *Pulsatilla D4*
-septischer Verlauf / geschwürig	• *Lachesis D8*
-mit vergrößerten Lymphknoten *(s.a. Lymphsystem)*	• *Calcium jodatum D4 + Lapis albus D12*
-bei dicken, gefräßigen Hunden	• *Graphites D6*

-durch Erkältung, kalten Wind	• *Aconitum D6*
-Ausfluss *(s.a. Allgemein/ Absonderungen)*	
-eitrig	• *Hepar sulfuris D6; Sepia D12 stinkend; Mercurius C30 1 x tgl. 3 Glob.*
-blutig	• *Conium D6*
-farblos, nässend	• *Kalium muraticum D4*
-gelblich, wund machend	• *Hydrastis; Sulfur D6*
-gelblich, mild	• *Pulsatilla D4*
-schwarz, dick	• *Mater perlarum D4*
-ätzend	• *Acidum nitricum D4; Hydrastis D4;* • *Silicea D6*

4.21. Psychische Probleme

Siehe auch Nervensystem, S. 70.

Immer auch Erbmasse und Konstitutionen beachten!

4.21.1. Allgemein

• *Kräutermischung (Nerven kräftigend, ausgleichend, beruhigend) Bitterklee; Brennnessel; Hopfenblüten; Johanniskraut; Lavendelblüten; Melisse*

4.21.2. Aggression

Hauptmittel
• *Aurum metallicum D8; Lachesis C30; Sepia C30 (vor allem bei Hündinnen); Staphisagria D6 oder C30; Stramonium C30*
• *Pflügerplex Crocus 328 H Tabl.*
• *Cuprum arsenicosum*
• *Cherry Plum; Holly (wird schnell wütend; schnell aus der Fassung zu bringen)*

Zusätzlich

-plötzliche Aggression *(siehe auch Beißen)*	• *Belladonna C30 (starrer Blick, weite Pupillen); Nux vomica D6 oder C30 (sehr lieb und anhänglich; aber plötzliche Aggression)* • *Cherry Plum (dreht durch, ist nicht ansprechbar)*
-Aggression bei Widerstand	• *Chamomilla D6; Lycopodium D6; Nux vomica C30 (will keinen Zwang)* • *Vine*
-aus Angst	• *Hyoscyamus D6; Natrium chloratum C30; Tarantula D6* • *Mimulus*

-aus Eifersucht	• *Lachesis D6 (besonders bei Hündinnen)* • *Holly (auch gegen Baby oder neues Tier); Vine (gegen Mensch und Tier)*
-will unterwerfen, auf Kampf aus	• *Lycopodium C30* • *Beech; Vine*
-nach Kastration	• *Lachesis D6*
-gegen andere Hunde	• *Natrium chloratum C30* • *Cherry Plum (vor allem gleichgeschlechtlich); Vine (gleichgeschlechtlich - hormonbedingt)*
-beißt auch Welpen	• *Beech; Holly*
-im eigenen Haushalt	• *Chamomilla C30; Nux vomica D6* • *Vine (Aggression gegen Mitbewohner und Besucher); Water Violet (aggressiv, wenn man ihm zu nahe kommt)*
-durch hormonelle Probleme	• *Sepia D6 oder C30* • *Vine*
-wechselt mit Ängstlichkeit	• *Stramonium C30*
-verteidigt Stammplatz und Futter	• *Vine*

4.21.3. Alleinsein

-Kann nicht allein sein	• *Hyoscyamus D6; Nux vomica D6; Phosphorus C30 (bellt und jault); Pulsatilla D6 (zerreißt Dinge); Stramonium C30 (mit Angst); Tarantula D6* • *Calcium carbonicum (mit Angst)* • *Aspen (kann aus Angst nicht allein sein, zerstört); Cerato/ Larch (zerstört während des Alleinseins Dinge)*

4.21.4. Angst

	• *Infi Damiana Inj. N Amp.; Nervoregin comp H Pflüger Amp. und Tabl.; Neurexan Tabl.* • *Calcium carbonicum; Lithium chloratum D12; Zincum chloratum; Iso Bicomplex Nr. 5* • *Johanniskraut; Passionsblume; Lavendel; Kamille; Melisse; Weißdornblüten* • *Aspen (mit Zittern); Mimulus (mit Jaulen, Wimmern); Star of Bethlehem (Angstabbau)*

	Zusätzlich
-schüchtern, zurückhaltend	• *Agrimony*
-hektische Reaktion aus Angst *(siehe auch Beißen und Aggression)*	• *Belladonna C30; Hyoscyamus D6*
-aus Angst nicht stubenrein *(s.a. Niere/ Blasenschwäche)*	• *Hyoscyamus D6*
-wechselt mit Aggression	• *Stramonium C30*
-Alpträume	• *Natrium sulfuricum* • *Aspen*
-menschenscheu	• *Argentum nitricum; Hyoscyamus D6; Pulsatilla D4* • *Nervoregin comp H Pflüger Amp. und Tabl.*
-distanziert	• *Water Violet (will nicht schmusen, aggressiv, wenn man ihm zu nahe kommt); Star of Bethlehem*
-vor Männern	• *Lycopodium D6*
-vor Berührung	• *Ignatia C30; Natrium chloratum C30; Sepia D6* • *Nervoregin comp H Pflüger Amp. und Tabl.* • *Mimulus (handscheu)*
-vor anderen Hunden	• *Hyoscyamus D6*
-vor Dunkelheit	• *Phosphorus C30 3 Glob. 1 x wöchentlich; Stramonium D6* • *Aspen*
-vor Gewitter, Knall, Schuss,	• *Borax D3 14 Tage vor Silvesterfeuerwerk mit der Einnahme beginnen; Phosphorus C30*
-vor Tierarztbesuch	• *Phosphorus C30 1 x wöchentlich 3 Glob. und 1 x 3 Glob. vor Tierarztbesuch*
-bei ungewohnten Situationen, Unbekanntem	• *Argentum nitricum D12* • *Larch; Mimulus*
-vor Veränderung	• *Calcium carbonicum; Silicea*

4.21.5. Anlehnungsbedürftig

• *Pulsatilla C30*
• *Calcium phosphoricum, Zincum chloratum*
• *Agrimony, Heather (zu anhänglich)*

	Zusätzlich
-sucht aus Ängstlichkeit Schutz beim Menschen	*Aspen, Chicory (mit starkem Schutztrieb zur Bezugsperson, winselt, um beachtet zu werden); Heather (will immer gestreichelt werden)*

4.21.6. Beißen
Siehe Aggression, S.81 und Angst, S.82

-ohne Vorwarnung	*Belladonna C30 (hektische Reaktion aus Angst, starrer Blick mit weiten Pupillen)* *Calcium carbonicum*
-mit Vorwarnung (Bellen oder Knurren)	*Hyoscyamus D6*
-Angstbeißer	*Hyoscyamus D6* *Aspen; Cherry Plum; Mimulus*

4.21.7. Besitzerwechsel

-dadurch Verhaltensprobleme	*Hyoscyamus D6; Ignatia C30; Nux vomica D6; Staphisagria D6; Stramonium D6* *Calcium phosphoricum* *Walnut (Anpassungsschwierigkeiten)*
-wird nicht verkraftet	*Ignatia C30* *Centaury; Honeysuckle; Star of Bethlehem*
-schlechte Behandlung, Misshandlung durch Vorbesitzer	*Nux vomica C30; Natrium chloratum C30 (Hund leidet immer noch darunter, kann nicht vergessen)*

4.21.8. »Fliegen schnappen«
(Hund schnappt nach Unsichtbarem)

	Hyoscyamus D6; Phosphorus C30 1 x wöchentlich 3 Glob. *Kalium bromatum*

4.21.9. Bestrafung / Misshandlung

-danach Verhaltensprobleme	*Ignatia D6* *Aspen (wurde gequält); Star of Bethlehem (Angstabbau)*
-zu strenge Bestrafung	*Ignatia C30* *Centaury (dadurch Stubenunreinheit)*

-ungerechte Bestrafung, Misshandlung	• *Natrium chloratum C30; Staphisagria D6* • *Pine (misstrauisch); Sweet Chestnut (mit dauernder Angst); Willow (fühlt sich schnell bedroht, misstrauisch)*
-Misshandlungen mit körperlichen Symptomen *(Prellung, Quetschung, psychisches Trauma)*	• *Bellis perennis D4*

4.21.10. Eifersucht

	• *Acidum phosphoricum D4; Ignatia C30; Hyoscyamus C30; Lachesis D6* • *Heather (drängt sich immer dazwischen)*
-mit Verhaltensproblemen	Zusätzlich • *Hyoscyamus D6*
-Stubenunreinheit *(s.a. Niere/ Blasenschwäche)*	• *Stramonium C30; Hyoscyamus D6* • *Chicory; Heather*

4.21.11. Heimweh
Auch wenn in Pflegeplatz, Tierpension usw.

• *Acidum phosphoricum D4; Capsicum D4; Ignatia C30 (auch mit Heißhungeranfällen); Pulsatilla C30* • *Calcium carbonicum* • *Honeysuckle; Star of Bethlehem*

4.21.12. Kummer
siehe auch Trauer, S. 86

	• *Acidum phosphoricum D4; Natrium chloratum D200 1 x 5 Glob.; ab dem Tag danach 3 x tgl. Ambra D3* • *Nervoregin comp H Pflüger Amp. und Tabl.* • *Kalium phosphoricum; Lithium chloratum D12; Natrium phosphoricum* • *Star of Bethlehem*
-Hund leidet unter Streit in der Familie	Zusätzlich • *Agrimony*
-Kummer ist Auslöser einer Krankheit	• *Acidum phosphoricum D4 + Ignatia D6 (nur kurz zurückliegend); Ignatia C30 (lang zurückliegend)*

| -mit Appetitlosigkeit | •*Acidum phosphoricum D4; Ignatia C30* |
| | •*Kalium phosphoricum; Natrium chloratum* |

4.21.13. Rangordnungskämpfe
Siehe Aggression, S. 81

-Rangordnungskämpfe gegen gleichgeschlechtliche Hunde	•*Vine (hormonbedingt)*
-Rangordnungskämpfe unter Hunden in einem Haushalt	•*Chamomilla C30 (beiden Hunden geben)*
-zum Aneinander gewöhnen von zwei Hunden	•*Holly (beiden Hunden geben); Vine (für den aggressiven Hund)*

4.21.14. Reizbarkeit
Siehe auch Nervensystem/Überreizung, S. 74

	•*59 Ergotinum comp Tabl.*
	•*Cuprum arsenicosum; Magnesium phosphoricum; Iso Bicomplex Nr. 2*
	Zusätzlich
	•*Cherry Plum (unberechenbar)*

4.21.15. Schreckhaftigkeit
S.a. Angst

	•*Lachesis D6, Phosphorus C30, Tarantula D6*
	•*Kalium phosphoricum, Lithium chloratum D12, Natrium chloratum, Silicea*
	•*Star of Bethlehem*
	Zusätzlich
-ohne Anlass	•*Ignatia D6 oder C30*
-durch Alltagsgeräusche	•*Aspen*

4.21.16. Trauer
Siehe Kummer, S. 85

| | •*Ignatia C30* |

- *Lithium chloratum D12; Iso Bicomplex Nr. 4*
- *Honeysuckle*

4.21.17. Umzug / Reise
Siehe Heimweh

-dadurch Verhaltensprobleme	• *Hyoscyamus D6; Stramonium D6* • *Larch (Probleme durch Ortsveränderung); Walnut (Anpassungsschwierigkeiten)*

4.21.18. Unruhe
s.a. Nervensystem / Schlafstörungen, S. 73, nervöse Unruhe

	• *Calcium phosphoricum + Kalium sulfuricum + Magnesium phosphoricum + Natrium phosphoricum + Natrium sulfuricum je 5 Tabl. in warmem Wasser lösen, tagsüber schluckweise geben* • *Bockshornkleesamen; Hopfenzapfen; Johanniskraut; Melisse; geriebene Muskatnuss; Raute; Rosmarin* • *Sweet Chestnut (wegen schlechter Erfahrungen)*
-dauernder Bewegungsdrang	Zusätzlich • *Rhus toxicondendron D6* • *59 Ergotinum comp. Tabl.; Zappelin Tabl.* • *Natrium chloratum; Silicea*
-nach Schreck	• *Aconitum D6 (mit Zittern)*
-mit Schlaflosigkeit	• *Natrium chloratum; Kalium bromatum; Iso Bicomplex Nr. 19*

4.21.19. Verhaltensprobleme

-nach Narkose	• *Lachesis D6; Opium C30 1 x 3 Glob.*
-durch Ungerechtigkeit, Misshandlung *(s.a. Besitzerwechsel und Bestrafung)*	
-zu starker Schutztrieb *(s.a. Aggression)*	• *Chicory, Red Chestnut*
-überschießende Reaktionen *(s.a. Angst, Aggression und Reizbarkeit)*	• *Cherry Plum (auch durch Bewegungsmangel)*

4.22. Schilddrüse

4.22.1. Allgemein

Alle Mittel, die den Stoffwechsel, die Entgiftung und das Lymphsystem anregen, wirken auch auf die Schilddrüse

Hauptmittel
- *Calcium carbonicum D10; Jodum D 12*
- *Hewethyreon N Tabl.; Thyreoidea comp Glob.; Jod Calcium Kaps.*
- *Kalium bromatum; Kalium jodatum; Magnesium phosphoricum; Iso Bicomplex Nr. 4*
- *Seetang pulv. (zur Jodversorgung)*

4.22.2. Knoten, Verhärtung

- *Acidum hydrofluoricum D6; Conium D4*
- *Iso Bicomplex Nr. 28*

4.22.3. Kropf

- *Barium jodatum D4; Calcium jodatum D3; Conium D4; Fucus vesiculosus D4; Hedera helix D5; Spongia D4 (auch mit Atemnot)*
- *Gw3/Iso oder bei Verhärtung Gw11/Iso + Lf1/Iso*
- *Infi Spongia Inj. N Amp.*
- *Calcium carbonicum; Kalium bromatum; Magnesium phosphoricum 5 x tgl. 1 Tabl.; Iso Bicomplex Nr. 4 + 28*

4.22.4. Schwellung

- *Badiaga D4; Calcium jodatum D3; Conium D4*
- *Iso Bicomplex Nr. 4*

4.22.5. Überfunktion

- *Adonis vernalis D6; Badiaga D4; Ferrum sulfuricum D6; Hedera helix D5; Jodum D12; Kalium jodatum D6; Lycopous virginicus D6; Thyreoidinum D12*
- *Fb1/Iso + St3/Iso*
- *Infi Thyreoidinum Inj. N Amp.*
- *Blasentang; Hopfendolden; Erdrauch; Johanniskraut; Lärchenschwammpulver; Schlehdornblüten; Wolfstrapp*

4.22.6. Unterfunktion

- *Barium carbonicum D6; Graphites D8; Jodum D12; Kalium carbonicum D6; Spongia D6*
- *Jod Calcium Kaps.*
- *Calcium carbonicum*
- *Blasentang; Braunwurz; Brunnenkresse; Erdrauch; Löwenzahnwurzel; Rosmarin*

4.23. Stoffwechsel/Entgiftung

4.23.1. Allgemein

Zur Anregung des Stoffwechsels immer die Ausscheidungsorgane Leber, Niere und Darm unterstützen!

-Allgemein stoffwechselan-regend	• *Mischung aus: Antimonium crudum D6; Berberis D3; Hepar sulfuris D6; Lycopodium D6; Magnesium carbonicum D6; Nux vomica D4; Pulsatilla D4; Sulfur D4*
-Allgemein entgiftend	*Mischung aus:* • *Carduus marianus D6; Ceanothus D4; Chelidonium D6; Conium D6; Crataegus D6; Hydrastis D6; Solidago D6; Taraxacum D4*
-Entgiftungskur allgemein im Herbst	• *Gw7/Iso + Lf2/Iso + St2/Iso; St5/Iso; St6/Iso (die St-Mittel tgl. wechselnd)*
-Entgiftungskur allgemein im Frühjahr	• *St5/Iso; tgl. wechselnd mit St3/Iso + Gw2/Iso; danach 3 Wochen Lf2/Iso*
	Hauptmittel • *St1/Iso (Hauptmittel der Entgiftung)* • *Berberis Hanosan Tabl.; Derivatio H Tabl.; Pyrogenium Hanosan Amp.; Teufelskralledragees; Sanuvistabl.;* • *Calcium sulfuricum; Kalium jodatum; Kalium sulfuricum; Iso Bicomplex Nr. 24* • *Teemischung für den Stoffwechsel: Birkenblätter; Brennnessel; Erdrauch; Goldrute; Johanniskraut; Quecke; Stiefmütterchen; Holunderblüten; Süßholz* • *Crab Apple; Centaury*
-allgemeine Mischung zur Körperreinigung	• *Crab Apple + Clematis + Centaury + Gorse + Larch + Walnut + Wild Rose*

4.23.2. Entgiftung

Zur Entgiftung von Stoffwechselablagerungen	•*Acidum nitricum D6 1 x 5 Glob. morgens + Sulfur D6 1 x 5 Glob. mittags +* •*Calcium carbonicum D12 1 x 2 Tabl. abends*
-über Stoffwechsel *(s. Hauptmittel)*	•*Galega officinalis D4; Sulfur D6 (gegen »Hundegeruch«)* •*Gw11/Iso* •*Iso Bicomplex Nr. 9*
-von hautschädigenden Stoffwechselendprodukten *(s.a. Haut)*	•*Sulfur D6* •*St5/Iso*
-nach Medikamenten	•*Chamomilla D30; Ipecacuana D6 (mit Erbrechen); Nux vomica D6* •*Kalium chloratum; Iso Bicomplex Nr. 27*
-nach Antibiotika	•*Okoubaka D2; SulfurD6* •*Natrium chloratum; Natrium phosphoricum; Natrium sulfuricum*
-nach Cortison	•*Cortisonum D12 morgens 1 x 5 Glob. + Phosphor C30 abends 1 x 3 Glob.;während Cortisonbehandlung und 3 Wochen anschließend*
-nach Infektionen, s.a. Abwehrsystem	•*Okoubaka D2; Sulfur D4*
-nach Mangelfütterung,	•*St1/Iso*
-vor Impfung	•*Iso Bicomplex Nr. 2, 3 Tage vor Impfung bis Impftag*
-nach Impfung	•*St3/Iso + Kn1/Iso 1 x 5 Glob. abends, 3 Wochen lang* •*Natrium phosphoricum; Iso Bicomplex Nr. 4 + 24*
-bei Impfschaden zusätzlich	•*Berberis D3 + Pulsatilla D4; Sulfur C30 (bes. für schwere Hunderassen; bei Welpen aller Rassen, wenn sie mit Hecheln, Hitze und heißen Pfoten auf die Impfung reagieren); Tartarus stibiatus D4 (Pustelbildung nach Impfung); Thuja C30 (besonders für nervöse, unruhige Hunderassen, für alle Rassen, wenn nach der Impfung Magen-Darmerkrankungen, Atemwegserkrankungen und Hauteiterungen auftreten.)*
-nach Vergiftung	•*Nux vomica D6* •*St1/Iso* •*Iso Bicomplex Nr. 21*
-nach Wurm-, Zecken- und Flohmitteln	•*Nux vomica D6*

5. Rüde und Hündin

5.1. Rüde

5.1.1. Allgemein

-Allgemeine Stärkung	•*Selenium D6 + Caladium seguinum D6*
-Umstellung nach Kastration	•*Lachesis D6 (Aggression nach Kastration)* •*Cherry Plum; Scleranthus; Walnut*

5.1.2. Eichel-, Vorhautentzündung
S.a. Allgemein / Entzündung, S. 15 und Absonderungen, S. 12

	•*Bryonia D6; Mezereum D4; Pulsatilla D6* •*Iso Bicomplex Nr. 21* •*Umschläge, Spülungen: Hamamelistinktur, Ringelblumentinktur oder Echinaceatinktur 1:5 mit Wasser mischen*
-chronischer Schleimausfluss *(Erbmasse / Konstitution beachten)*	Zusätzlich •*Cannabis D6 (auch mit Geschwülsten)*

5.1.3. Hoden

-Entzündung *(s.a. Allgemein / Entzündung)*	•*Clematis D12; Latrodectus mactans D30 1 x tgl.;* *Pulsatilla D6;* •*Iso Bicomplex Nr. 4 und 28* •*Teemischung innerlich: 50 g Klettenwurzel, Seifenkrautwurzel, 30 g Petersilienwurzel, 30 g Bockshornkleesamen 1 El. auf 1 Liter kochendes Wasser, 10 Minuten ziehen lassen* •*Chestnut Bud; Scleranthus*
-nur rechter Hoden	•*Clematis D4*
-nur linker Hoden	•*Rhododendron D6*
-nach Quetschung *(s.a. Notfall/ Zerrung, Quetschung)*	•*Arnica D4; Pulsatilla D6*
-Schwellung	•*Barium carbonicum D4; Spongia D3*

-Verhärtung *(s.a. Lymphsys-tem/Lymphdrüsenschwel-lung)*	• *Clematis D2; Conium D4; Spongia D2*

5.1.4. Prostataentzündung
Siehe auch Allgemein/Entzündung, S.15

- *Aristolachia D4; Pulsatilla D6; Selenium D6;*
- *Infi Cantharis Inj. Amp.*
- *Calcium sulfuricum chronisch; Natrium phosphoricum akut; Iso Bicomplex Nr. 23*
- *Weiße Taubnessel*
- *Elm; Heather; Holly; Mimulus; Mustard*

5.1.5. Prostatavergrößerung
S.a. Lymphsystem, S. 60

- *Majoran D2; Sabal serrulatum D3 + Solidago D1 4 Wochen tgl. je 3 x 5 Glob.; danach Conium D4 + Ferrum picrinicum D12 4 Wochen tgl. je 3 x 5 Glob.*
- *Ad3/Iso + Gw1/Iso + St4/Iso oder Gw3/Iso + Ad1/Iso + Lf1/Iso + Kn2/Iso (bei gleichzeitiger Blasenstörung zur Wasserausscheidung);*
- *Cefasabal Tabl.; Infi Cantharis Inj. N Amp.; Urikatt Tabl.;*
- *Magnesium phosphoricum; Calcium fluoratum; Natrium chloratum; Natrium sulfuricum*
- *Brennnesselwurzel; Birkenblätter; Goldrute; kleinblütiges Weidenröschen; Löwenzahnblätter; Ackerschachtelhalm; Bohnenschalen; weiße Taubnessel*

5.1.6. Sexuelle Schwäche

Hauptmittel
- *Damiana D2; Acidum picrinicum D8; Barium carbonicum D8; Agnus castus D6 4 Wochen 3 x 5 Glob., danach Caladium seguinum D6 4 Wochen 3 x 5 Glob.*
- *Ad3/Iso + Gw1/Iso + St10/Iso + Fb1/Iso + Rhododendron cp Fluid oder St3/Iso + Viscum album cp Fluid/Iso (bei nervöser Schwäche)*
- *Iso Bicomplex Nr. 2 und Nr. 7*

Zusätzlich
-Impotenz
- *Damiana D2; Nuphar luteum D1; Staphisagria D4*
- *Elm, Larch*

-Deckunlust	•*Arnica D6; Damiana D4; Erigeron canadensis D12;* *Staphisagria D4* •*Cerato; Oak; Olive; Wild Rose*
-schlechte Samenqualität	•*Cimicifuga D6; Pulsatilla D6*
-beim Decken ungeschickt	•*Chestnut Bud*

5.1.7. Sexuelle Überreizung, übermäßiger Sexualtrieb
S.a. Nervensystem, S. 70

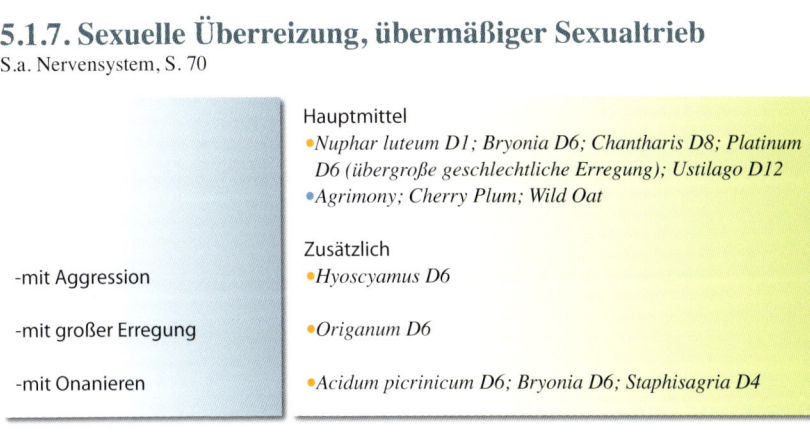

	Hauptmittel •*Nuphar luteum D1; Bryonia D6; Chantharis D8; Platinum* *D6 (übergroße geschlechtliche Erregung); Ustilago D12* •*Agrimony; Cherry Plum; Wild Oat*
	Zusätzlich
-mit Aggression	•*Hyoscyamus D6*
-mit großer Erregung	•*Origanum D6*
-mit Onanieren	•*Acidum picrinicum D6; Bryonia D6; Staphisagria D4*

5.2. Hündin

5.2.1. Allgemein

-Weibliches Hormonsystem regulierend	•*Agnus castus D1* •*Kn1/Iso*
-Hängendes Gesäuge	•*Sepia D6* •*Calcium fluoratum; Silicea*
-Kastration	•*Lachesis D6 (Aggresion danach)* •*Scleranthus; Walnut*
-Übergroße Sorge um Welpen	•*Red Chestnut*
-Trauer bei Abgabe der Welpen	•*Ignatia D8 oder C30* •*Honeysuckle*
-Aggression aus Eifersucht	•*Lachesis D6*

5.2.2. Abort

-Drohender Abort	•*Caulophyllum, Hamamelis D3 (mit leichter Blutung); Sabina D3 (mit starker Schleimabsonderung aus der Scheide), ½ stdl. 5 Glob.*
-Drohender Abort durch Schreck	•*Aconitum D6*
-nach Abort	•*Aletris farinosa D4; Aristolachia D8; Sabina D6 (Reinigung der Gebärmutter)*
-Allgemeine Neigung zur Fehlgeburt	•*Viburnum opulus D30 in den ersten 2 Wochen der Trächtigkeit geben;* *Aletris farinosa D1 + Kalium carbonicum D6 während der gesamten Trächtigkeit*
-Trauer nach Fehl- oder Totgeburt	•*Ignatia C30* •*Gentian; Honeysuckle; Star of Bethlehem*

5.2.3. Ausfluss

Achtung, mögliche Gebärmutterentzündung! S.a. Allgemein/Absonderungen, S. 12

•*Calcium carbonicum D4*
•*Kn1/Iso + Gw4/Iso tgl. wechselnd mit Gw1/Iso + Fb1/Iso*
•*Calcium phosphoricum*
•*Brombeerblätter; Weiße Taubnessel; Frauenmantel; Schachtelhalm; Schafgarbe; Johanniskraut*
•*Crab Apple*

5.2.4. Deckakt

•*Apis D6 (Hündin bietet sich an, lässt sich aber nicht decken oder nimmt nicht auf); Lilium tigrinum D4 (starke sexuelle Erregung); Paris quadrifolia D30 (möchte sich nicht decken lassen); Pulsatilla D6 (Deckunwilligkeit mit Ängstlichkeit); Sepia D6 (Hündin lässt sich nicht decken und reagiert aggressiv) bereits 3 Wochen vor der Läufigkeit, bis zur Empfängnis geben*
•*Beech (zu dominante Hündin, Ablehnung des Rüden); Holly + Water Violet (Ablehnung des Rüden); Rock Rose (Hündin wurde gegen ihren Willen zum Deckakt gezwungen); Scleranthus*

5.2.5. Eierstockentzündung

S.a. Allgemein / Entzündung, S. 15

-akut, entzündlich	• *Aristolachia D3* • *Ad1/Iso + Fb1/Iso + Gw1/Iso* • *Iso Bicomplex Nr. 7*
-mit Fieber	• *Gw12/Iso + St9/Iso + Viscum album cp Fluid/Iso + Sambucus cp Fluid/Iso je 10 Glob. und Tr. in ¼ l Wasser, tagsüber schluckweise*
-mit Ausfluss	• *Gw4/Iso*
-chronisch	• *Gw7/Iso + Kn1/Iso*
-chronisch, eitrig	• *Gw11/Iso + Kn5/Iso + Populus cp Fluid/Iso, je 3 x 5 Glob. und Tr.*
-mit gleichzeitiger Blasen-entzündung *(s.a. Niere/ Blasenentzündung)*	• *St4/Iso 3 x 10 Glob. + Gw12/Iso + Kn4/Iso, je 10 Glob. und Tr. in 1/8 l Wasser, tagsüber schluckweise* • *Iso Bicomplex Nr. 7*

5.2.6. Gebärmutter

-Gebärmutter stärkend, reinigend	• *Aletris farinosa D4; Aristolachia D3; Sabina D6* • *Himbeerblätter*
-Rückbildung der Gebär-mutter nach der Geburt	• *Aristolachia D3; Lilium tigrinum D4; Sabina D6; Secale cornutum D6* • *Gw1/Iso bis 2 Wochen nach der Geburt 3 x tgl. geben* • *Iso Bicomplex Nr. 4*
-Gebärmutterentzündung, *(s.a. Allgemein/ Entzündung, unbedingt zum Tierarzt!)*	• *Aurum D6 (chronisch); Aristolachia D8; Hydrastis D6; Lachesis D8 (mit Fieber); Phellandrium; Pulsatilla D6 (gelblicher, dicker Ausfluss, fördert die Reinigung der Gebärmutter, dadurch mehr Ausfluss); Pyrogenium D6 (mit stinkendem Ausfluss); Sabina D6 (Entzündung nach der Geburt und chronische Entzündung); Sepia D6* • *Ferrum phosphoricum; Kalium jodatum* • *Spitzwegerich; Johanniskraut; Hirtentäschel; Frauenmantel; Heidelbeerblätter* • *Crab Apple*
-Gebärmutterblutung *(siehe Notfall/ Blutstillung)*	• *Crocus D4*

5.2.7. Geburt

-Geburtsvorgang fördernd	• *Pulsatilla D6, Sabina D6* • *Gw1/Iso siehe Trächtigkeit, bis 2 Wochen nach der Geburt 3 x täglich, siehe Gebärmutter;* *Gw1/Iso 20 Glob. + Fb1/Iso + Gw12/Iso + St10/Iso, je 2 Glob., in 1/8 l Wasser, während Geburt alle 5 Min. einen Schluck eingeben* • *Calcium fluoratum, Magnesium phosphoricum als »Heiße Sieben«, S. 9 (grundsätzlich zu Beginn der Geburt); Kalium phosphoricum (Geburt erleichternd)* • *Rescue (bei allen Problemen und Notfällen vor, während und nach der Geburt)*
-Geburtsvorbereitung	• *Gw1/Iso siehe Trächtigkeit, Geburt* • *Magnesium phosphoricum als Heiße Sieben, S. 9; Iso Bicomplex Nr. 4*
-Wehenschwäche	• *Belladonna D6; Pulsatilla D8; Caulophyllum D4 (»homöopathisches Wehenmittel«) + Secale cornutum D4 alle 10 Min. im Wechsel; Cimicifuga D6 (Abstände zwischen den geworfenen Welpen sind zu lang); Flor de Piedra D4* • *Magnesium phosphoricum als »Heiße Sieben«, s.S. 9*
-Unruhe / Angst bei Geburt	• *Chamomilla C30* • *Impatiens, Mimulus*
-Hysterie bei Geburt	• *Asa foetida D6* • *Impatiens*
-Erschöpfung während Geburt *(s. Allgemein/Allgemein Schwäche)* -Blutverlust *(s. Blut)*	
-Erschöpfung danach *(s. Allgemein/Allgemeine Schwäche)*	• *Arnica D6; Bellis perennis; China D6* • *Olive (auch zur Stärkung der Welpen nach Geburt); Walnut*
-bräunlicher Ausfluss nach der Geburt *(siehe Gebärmutter)*	• *Aristolachia D8* • *Crab Apple*
-Blutung nach Geburt	• *Bellis perennis D4 (hellrot); Hamamelis D4 (dunkelrot); Secale cornutum D6*
-Verletzungen an den Geburtswegen	• *Arnica D6*
-Abgang von Nachgeburtsresten mangelhaft	• *Sabina D6* • *Crab Apple*

-Hündin nimmt ihre Welpen nicht an *(siehe Milchbildung/Säugen)*	• *Sepia D6*
-nach schwerer Geburt/ Kaiserschnitt *(siehe Notfall/ Operation)*	• *Rescue für Hündin und Welpen; Rock Rose*
-Depression nach Geburt *(siehe Nervensystem und Weibchen/Innersekretorische Unregelmäßigkeiten)*	• *Star of Bethlehem*

5.2.8 Gesäuge-/ Zitzen

-Schwellung *(siehe Lymph- system)*	• *Apis D6; Bryonia D4*
-harte Schwellung	• *Conium D6; Phytolacca D4* • *Gw1/Iso* • *Iso Bicomplex Nr. 4*
-rissige Zitzen	• *Calcium fluoratum + -salbe*
-Entzündung *(s.a. Allgemein/ Entzündung)*	• *Lac caninum D6; Aconitum D4; Hepar sulfuris D200 alle 2 Std. 5 Glob.; 3 x wiederholen; Phytolacca D4 (Hauptmittel)* • *Ad1/Iso + Lf1/Iso* • *Ferrum phosphoricum; Natrium phosphoricum + -salbe* • *Spitzwegerich; Schafgarbe; Johanniskraut; Melisse; Hopfenzapfen*
-mit Fieber	• *Bryonia D4; Lachesis D8; Phellandrium D3; Pyrogenium D6* • *Kalium phosphoricum*
-mit Schwellung *(s. Gesäuge/Schwellung)*	
-ohne Schwellung	• *Asa foetida D6*
-während des Säugens	• *Ferrum phosphoricum + Natrium phosphoricum ¼ stdl. je 1 Tabl.*
-infektiös	• *Fb1/Iso + Gw1/Iso*
-durch Stoßverletzung	• *Conium D6*
-mit Eiterung	• *Gw5/Iso* • *Silicea*
-äußerlich Umschläge	• *Gw7/Iso + Populus cp Fluid/Iso + Viscum album cp Fluid/ Iso je 30 Glob. und Tr. in ¼ l Wasser* • *Kamille oder Ringelblume*

5.2.9. Innersekretorische Unregelmäßigkeiten

S.a. Hypophyse, S. 58

-Eierstock anregend	•*Aristolachia D8 (fördert Eireifung); Damiana D6; Kalium jodatum D6; Pulsatilla D6 (fehlender oder verzögerter Eisprung, Östrogenwirkung)* •*Iso Bicomplex Nr. 7* •*Ovaria comp. Glob.; Rowaclimax Drag.* •*Kräutermischung (mit hormonell anregender Wirkung): Brennnesselsamen, Engelwurz, Frauenmantel, Hopfendolden, Johanniskraut, Schafgarbe, Weinraute*
-Haarausfall -nach Geburt, während oder von Läufigkeit	•*Lachesis D8; Sepia D8*
-nach Kastration	•*Sepia D8* •*Cherry plum*
-am Rücken, im Lendenbereich	•*Sepia D8*
-Aggression wegen hormoneller Probleme	•*Sepia D6 oder C30* •*Vine (Aggression gegen andere Hündinnen)*

5.2.10. Läufigkeit

-Ausbleiben	•*Damiana D6; Agnus castus D1; Aristolachia D3; Cimicifuga D6; Pulsatilla D6 + Belladonna D6; Sepia D6* •*Ad1/Iso + Gw1/Iso + Capsella cp Fluid* •*Ovaria comp. Glob.* •*Kalium jodatum* •*Gentian*
-bei Blutarmut *(siehe Blut/ Blutarmut)*	•*Ad3/Iso + Lf2/Iso*
-nervös bedingt *(s. Nervensystem)*	•*Fb1/Iso + St9/Iso; Kn1/Iso*
-nach Schreck, Schock	•*Aconitum D6*
-nach Hormongaben *(s. Stoffwechsel/ Entgiftung)*	•*Sepia D6; Lachesis D6*
-nach Krankheiten, chem. Medikamenten *(s. Allgemein/ Allgemeine Schwäche und Stoffwechsel/ Entgiftung)*	•*Sulfur D6*

-bei Schilddrüsenunter- funktion (s. Schilddrüse/ Unterfunktion)	• *Graphites D6*
-verlängerte Läufigkeit	• *Apis D6 (mit geschwollener Scheide); Pulsatilla D6* • *Iso Bicomplex Nr. 7*
-starke Blutung	• *Ad1/Iso + Gw1/Iso + Capsella cp Fluid/Iso; nach 4 Wochen Gw7/Iso + St9/Iso* • *Bicomplex Nr. 2 + 7*
-zu häufig	• *Apis D6; Aristolachia D3* • *Ad1/Iso + Gw1/Iso* • *Cerato; Chestnut Bud; Gentian*
-zu lange Abstände zwi- schen den Läufigkeiten	• *Aristolachia D8* • *Cerato; Gentian*
-Ausfluss nach der Läufig- keit	• *Aristolachia D3; Aristolachia D8 (braun)*

5.2.11. Milchbildung / Säugen

-Stärkung der Hündin wäh- rend des gesamten Zeit des Säugens	• *Iso Bicomplex Nr. 4* • *Brennnesselsamen über das Futter streuen; 1-2 El. tgl.* • *Kn1/Iso +* • *Bicomplex Nr. 23 (zur Konstitutionsverbesse- rung der Welpen), während der 1.Wo. des Säugens geben*
-Milchstau	• *Apis D6; Phytolacca D6*
-Milchmangel	• *Bryonia D3; Phytolacca D6; Agnus castus D1; Asa foetida D6; Galega D1; Lac canium D4; Pulsatilla D6; Urtica urens D1* • *Kalium chloratum; Natrium chloratum* • *Anissamen; Brennnesselblätter und -samen; Himbeer- blätter; Holunderblüten; Fenchelsamen; Frauenmantel; Melisse*
-Wiederherstellung des Milchflusses, nach Gesäu- geentzündung	• *Urtica urens D1*
-Hündin läßt Welpen gar nicht oder zu wenig trinken	• *Sepia D6* • *Crab Apple; Water Violet*
-übergroße Sorge um Welpen	• *Red Chestnut*
-zu starker Schutztrieb für Welpen	• *Chicory; Holly; Red Chestnut*

5.2.12. Scheidenentzündung

Siehe Allgemein/Entzündung, S. 15

- *Antimonium crudum D6 (juckend); Hydrastis D6; Kalium bichromicum D6 (schleimiger Ausfluss); Lachesis D8; Pyrogenium D6; Sepia D6*
- *Ferrum phosphoricum, Natrium chloratum*
- *Kräutermischung siehe Ausfluss; Calendula Salbe; Spülungen mit Echinaceatinktur 1:5; Teemischung zum Spülen: Brombeerblätter, Blutweiderich, Frauenmantel, Kamille, Weiße Taubnessel, Salbeiblätter, Thymian*

5.2.13. Scheinträchtigkeit

S.a. innersekretorische Unregelmäßigkeiten, S. 98, Nervensystem, S. 70 und Hypophyse, S. 58

- *Asa foetida D6 (benimmt sich hysterisch); Ignatia D8 (»Nestbau, Ersatzwelpen« usw.); Phytolacca D1 (geschwollenes Gesäuge); Pulsatilla D30 1 Woche lang 3 x tgl.*
- *Mulimen S Tabl.*

5.2.14. Sterilität

Hauptmittel
- *Aristolachia D4 + Berberis D6 + Sepia D6; Agnus castus D1*
- *Gw1/Iso + Ad3/Iso + Fb1/Iso + Sambucus cp Fluid, je 3 Glob. und 5 Tr. in etwas Wasser mischen und 2 - 3 x tgl. geben*
- *Calcium sulfuricum, Iso Bicomplex Nr. 7*
- *Chestnut Bud, Larch, Mimulus, Scleranthus (Hündin nimmt schwer auf)*

Zusätzlich

-Stärkung der weiblichen Geschlechtsorgane
- *Gw1/Iso*

-durch mangelnden Geschlechtstrieb
- *Damiana D2*

-zu starke Scheidensekretion *(s.a. Ausfluss)*
- *Gw4/Iso*

-Stärkung des Genitalsystems
- *Gw12/Iso*

-durch Blutarmut. s.a. Blut/Blutarmut
- *Lf2/Iso*

-nervöse Schwäche	●*St3/Iso*
-Anregung des Genitalner- vensystems	●*Rhododendron cp Fluid/Iso* ●*Frauenmantel; Rosmarin*

5.2.15. Sexuelle Überreizung
Siehe Nervensystem, S. 74

	●*Cantharis D10, Hyoscyamus D6 (mit Eifersucht und* *Aggression); Lilium tigrinum D4 + Platinum D8 (starke* *sexuelle Erregung)*

5.2.16. Trächtigkeit
Es ist empfehlenswert, der Hündin während der Trächtigkeit immer wieder ihr Erbmassen-/Konstitutionsmittel zu geben

	Hauptmittel ●*Sulfur C30 1 x 5 Glob. am Anfang der Trächtigkeit + 1 x* *5 Glob. nach einem Monat + Calcium carbonicum D200* *in den ersten 3 Wochen der Trächtigkeit im dreitägigen* *Abstand je 1 x 5 Glob.* Zusätzlich ●*Luesinum D200 im 2. Drittel der Trächtigkeit geben, wenn* *erbl. Erkrankungen im Knochensystem (z.B. HD) oder* *Herzerkrankungen vorliegen* *Medorrhinum D200 im 2. Drittel der Trächtigkeit geben,* *wenn die Hündin Zyklusstörungen oder Erkrankungen der* *Genitalorgane hatte;* *Thuja D200, wenn die Hündin Zyklusstörungen oder* *Scheidenausfluss hatte*
-Allgemein	●*Pulsatilla D6 ab der 6. Woche, beugt Wehenschwäche vor*
-Hauptmittel zur Unterstützung der Trächtigkeit, Kräftigung der Genitalorgane, Unterstützung des fötalen Gewebeaufbaus. Stärkt die weiblichen Geschlechtsorgane während der gesamten Trächtigkeit	●*Gw1/Iso Einnahme 1.-3. Woche der Trächtigkeit 3 x tgl. 5* *Glob.; 4.-6. Woche 3 x tgl. 10 Glob.;* *danach bis Geburt 3 x 15 Glob.;* *+1.-3. Woche der Trächtigkeit St11/Iso morgens 1 x 5 Glob.* *+Ad3/Iso + St9/Iso je 3 x 5 Glob.; 4.-6. Woche der Trächtigkeit Ad3/Iso + St10/Iso je 3 x 5 Glob.; bis Geburt Ad3/* *Iso + St10/Iso je 3 x 10 Glob.* ●*Magnesium phosphoricum (allgemeines Begleitmittel in* *der Trächtigkeit); Iso Bicomplex Nr. 22 (Schwangerschaftsmittel, vermeidet Trächtigkeitsfolgen bei der Hündin,* *Erhaltung der Gewebeelastizität, verbesserte Nährstoffaufnahme, Förderung des Mineralaufbaus in der Trächtigkeit)*

- *Himbeerblätter (stärken die Gebärmutter und erleichtern die Geburt, während der gesamten Trächtigkeit als Pulver oder Tee geben.);*
  Brennnesselsamen 1-2 El. tgl. über das Futter streuen
- *Hornbeam (Stärkung des Bindegewebes während der Trächtigkeit); Olive*

6. Welpe / Junghund

6.1. Allgemein stärkend

Bei chronischen und anlagebedingten Krankheiten des Welpen immer Erbmasse / Konstitution beachten

- *Lf1/Iso + W1/Iso + Fb1/Iso*
- *Calcium carbonicum (allgemeines Konstitutionsmittel für Welpen, reguliert die Entwicklung des Knochenwachstums)*

6.2. Appetit vermindert

Milzunterstützung! S.a. Milz, S. 69 und Magen / Appetit, S. 61 - 62

- *Aethusa D2 aus Nervosität*
- *St1/Iso*
- *Kalium sulfuricum; Natrium phosphoricum je 1 Tabl. 1 x tgl.; Iso Bicomplex Nr. 4*

6.3. Bindegewebsschwäche

S.a. Bewegungsapparat, S.29

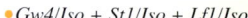

- *Gw4/Iso + St1/Iso + Lf1/Iso*
- *Calcium carbonicum D12 (fördert Knochenaufbau und reguliert Kalkstoffwechsel, Rachitis, tritt Gelenke an den Pfoten durch); Iso Bicomplex Nr. 8*

6.4. Entwicklungsstörungen

-wenig Lebenskraft, kümmert, Schwäche

- *Sulfur C30 1 x wöchentlich 5 Glob. (Welpe kümmert, entwickelt sich nicht gut, hat wenig Lebenskraft); Abrotanum (Abmagerung trotz gutem Appetit); Acidum phosphoricum D6 (Schwäche); Barium carbonicum D6 (mit Lymphdrüsenschwellung, geistig und körperlich schwach, wenig Lust zum Spielen); Magnesium carbonicum D6; Kalium jodatum D3; Sanicula D4 (Abmagerung trotz gutem Trinken bei der Mutter, Erbrechen)*

-Abmagerung des Welpen nach einer Infektion oder schwerer Krankheit

- *Lf2/Iso + Rhododendron cp Fluid/Iso*
- *Hypophysis/Stannum Glob.; Epiphysis/Plumbum Glob.*
- *Calcium carbonicum, Calcium phosphoricum*
- *Bockshornkleesamen; Schachtelhalm; Walnussbaumblätter; Fieberklee; Fenchelsamen*
- *Hornbeam + Wild Rose (schwächlich)*

Zusätzlich
- *Barium carbonicum D6 (wegen schlechter oder zu wenig Nahrung); Lyopodium D6 (wohl gebildeter Kopf, aber schwächlicher Körper); Natrium chloratum D8 (mager am Hals, Untergewicht, Ausschläge, Verstopfung); Sarsaparilla D6 (Abmagerung mit juckenden Hautausschlägen)*
- *Silicea (dicker Bauch, magere Glieder, kälteempfindlich)*

6.5. Geburt

-Geburtstrauma

- *Cuprum D8 (Feststecken im Geburtskanal)*
- *Rescue (nach schwerer Geburt); Star of Bethlehem; Olive*

-Nabel *(s. Haut / Wunden und Narben)*

- *Star of Bethlehem (Nabelbeschwerden)*
- *Calcium fluoratum + Calcium phosphoricum + Silicea (Nabelbruch)*

6.6. Haut
siehe auch Haut, S. 46

-Hautausschlag

- *Oleander D4; Staphisagria D12; Vinca minor D6; Viola tricolor D3*
- *Iso Bicomplex Nr. 4*

-Milchschorf, Welpenekzem *(am Bauch)*

- *Aethiops antimonialis D4*
- *Calcium carbonicum; Natrium phosphoricum + - salbe (schorfig, schuppig)*

6.7. Konstitutionsmittel für Welpen

-Allgemeines Konstitutionsmittel für Welpen

- *Barium carbonicum D8 (zur Anregung des Lymphflusses und der Lymphdrüsen)*

- *Calcium carbonicum (kräftiger Knochenbau, ruhiges Temperament, Unverträglichkeit von Milch, Ekzem am Bauch, sauer riechende Durchfälle nach dem Zufüttern, immer hungrig, zu Erkältungen neigend, Welpenfell geht spät oder nur langsam aus, wird relativ spät sauber, Welpen großer Rassen haben dicke Wachstumsknoten und treten die Gelenke der Pfoten durch verspätete Zahnung, Rachitis)*

- *Calcium phosphoricum (zarter Körperbau, ängstlich, nervös, Wachstumsstörungen, oft schlechte Fresser, Bauchkrämpfe, Rachitis, Zahnungsbeschwerden, Impfreaktionen, Entwicklungsstörungen)*

6.8. Lymphdrüsenschwellung
S.a. Lymphsystem, S. 60

-empfindlich, träge

- *Barium carbonicum D6*

-aufgeweckt, agil

- *Barium jodatum D6*

6.9. Psychische Probleme
S.a. psychische Probleme, S. 81

-Überaktivität / Nervosität

- *Chamomilla D6; Staphisagria D6*
- *Lf2/Iso + Fb1/Iso + Sambucus cp fluid im Wechsel mit Viscum album cp fluid/Iso*
- *ab 5. Lebenswoche: Ferrum phosphoricum, Kalium bromatum; Silicea (bei schwächlichen Welpen); Iso Bicomplex Nr. 19*

-Heimweh nach der Mutter / Wurfgeschwistern nach Abgabe

- *Ignatia D6*
- *Agrimony; Honey suckle; Star of Bethlehem; Walnut*

-ängstlich

- *Stramonium D6 (nachts, beim Alleinsein)*
- *Kalium phosphoricum (fürchtet sich vor Menschen)*
- *Aspen (schmiegt sich ängstlich an den Menschen)*

-sondert sich ab

- *Agrimony (traurig)*

-hormonelle Umstellung in der Pubertät

- *Cherry Plum, Scleranthus; Walnut*

6.10. Schluckauf

Häufiger Schluckauf kann ein Zeichen für Wurmbefall sein *(s. Darm / Würmer)*

- *Magnesium phosphoricum; Iso Bicomplex Nr. 5*

6.11. Unverträglichkeiten
S.a. Abwehrsystem / Allergie, S. 18

-Muttermilchunverträglichkeit, Milcherbrechen

- *Aethusa D3; Antimonium crudum D6; Lac caninum D8; Magnesium carbonicum D6*
- *Calcium carbonicum; Iso Bicomplex Nr. 4*

-Futter, Futterumstellung, Fett

- *Nux vomica D6 (reagiert mit Erbrechen, Durchfall, Verstopfung)*

6.12. Zähne
Siehe Maul / Zähne, S. 65

-Zahnfestigung

- *Acidum fluoricum D6 im 4. - 6. Monat 3 x täglich*
- *Gw4/Iso (Ausreifungsmittel der Zähne)*
- *Iso Bicomplex Nr. 30 ab 4. Monat bis Ende des Zahnwechsels*

-4. - 6. Monat
  -mittelgroße u. große Rassen

- *Calcium phosphoricum 2 x tgl.*

  -kleine Rassen

- *Silicea 2 x tgl.*

-Zahnung

- *Einreibemittel für Zahnfleisch: 20 g Rosenwasser + 10 g Eibischextrakt + 10 g Galgantwurzeln pulv. mit 50 g Honig vermischen*

  -mit Zahfleischentzündung

- *Calcium carbonicum D12, Kalium phosphoricum + Magnesium phosphoricum D12*

  -mit Durchfall

- *Apocynum D1; Calcium aceticum D6; Chamomilla D6*

  -mit Krämpfen

- *Chamomilla D6*
- *Calcium phosphoricu; Magnesium phosphoricum*

-Milchzähne fallen nicht aus

- *Calcium phosphoricum*

-Zahn- und Kieferanomalien/ -fehlstellungen

- *Gw4/Iso*
- *Iso Bicomplex Nr. 4*

7. Alter

7.1. Allgemein

Stärkung allgemein

- *Cocculus D4 4 Wochen lang; danach Conium D4 ebenfalls 4 Wochen lang; Ginseng D3; Barium carbonicum D6*
- *St1/Iso (verbessert gesamte Stoffwechsellage)*
- *Isoskleran/Iso + Isostoma S/Iso*
- *Kalium jodatum; Kalium sulfuricum; Natrium sulfuricum*
- *Arnikablüten; Benediktenkraut; Birkenblätter; Brennnessel; Johanniskraut; Melisse; Ringelblumenblüten; Rosmarin; Steinklee; Brennnesselsamen tgl. je nach Größe 1-2 El. getrocknete Samen über das Futter streuen.*
- *Olive (steigert die Vitalität)*

-Kräftigung der Körperfunktionen

- *Kalium phosphoricum; Magnesium phosphoricum; Natrium chloratum*

7.2. Altersherz, Kreislauf, Gefäße

S.a. Herz, S. 56

- *Aurum metallicum D6; Barium carbonicum D6; Barium chloratum D6; Cactus D3; Carbo vegetabilis C30 (mit Atemnot); Crataegus D1; Ambra D4 (Herzklopfen, Hecheln); Arnica D4 (Gefäß- und Durchblutungsförderung)*
- *Cactus comp II Glob.; Infi Camphora Inj. Amp.; Tornix Tabl. (bei Übererregbarkeit)*
- *Kalium jodatum; Iso Bicomplex Nr. 8 + Iso Bicomplex Nr. 12*
- *Mistel 1 geh. Tl. mit ¼ Liter Wasser übergießen, 10 Std. ziehen lassen, abseihen; Weißdornblüten; Ehrenpreis + Arnikablüten*

7.3. Desorientiertheit, Gedächtnisschwäche, Durchblutungsstörungen im Gehirn

S.a. Nervensystem / Allgemein, S. 70

- *Ambra D4; Cicuta virosa D6; Hyoscyamus D4*
- *Isoskleran; Oyo Drag.*
- *Kalium jodatum; Iso Bicomplex Nr. 2 + 8*
- *Ehrenpreis + Melisse + Rosmarin*

7.4. Psyche

S.a. psychische Probleme, S.81

-Verhaltensprobleme im Alter	• *Barium carbonicum D6; Stramonium D6*
-gleichgültig, zieht sich zurück	• *Johanniskraut + Melisse + Thymian + Salbei* • *Cerato; Hornbeam; Wild Rose*
-wenig Lebensfreude	• *Honeysuckle; Hornbeam*
-traurig, weil er bestimmte Dinge nicht mehr leisten kann	• *Lycopodium C30* • *Oak; Willow (wütend darüber)*
-Sterbebegleitung	• *Phosphor C30; Tarantula D4* • *Gorse (Entscheidung zum Leben oder Sterben erleichtern, auch für Besitzer); Walnut + Rock Water + Rescue (Sterbeprozess, zur Erleichterung des Sterbens)*

7.5. Schwäche / Erschöpfung

S.a. Nervensystem / Müdigkeit und Nervenschwäche, S. 72 und
Allgemein / Allgemeine Schwäche, S.13

- *Lf2/Iso + Ad3/Iso + Gw1/Iso, im tgl. Wechsel mit Gw9/Iso + St1/Iso, im tgl. Wechsel mit St3/Iso + Rhododendron cp Fluid/Iso*
- *121 Cuprum F Tabl.; 201 Ferrum phosphoricum Tabl.; Infi China Inj. N Amp.; Infi Secale Inj. Amp.; Tonico Injeel Amp.*
- *Rosmarin + Salbei + Weißdorn (Blätter, Blüten, Früchte)*
- *Oak; Olive*

8. Notfall / Verletzungen

8.1. Bluterguss

- *Arnica D4; Hamamelis D4; Ruta D4 (wenn Arnika nicht wirkt)*
- *Capsella cp Fluid/Iso unverdünnt als Umschlag*
- *Infitramex Inj. Amp.; Arnica Salbe; Hamamelis Salbe*
- *Ferrum phosphoricum; Kalium chloratum; Silicea*

8.2. Blutstillung

- *Arnica D4; Hamamelis D4 (Blutungen mit dunklem, venösen Blut oder wenn Arnica nicht wirkt)*
- *Ad1 D10/Iso 2 Glob. + Capsella cp Fluid 1Tr. in 1/8 l Wasser; alle 5 Min 1 Schluck;*
  Capsella cp Fluid unverdünnt als Druckverband zur Blutstillung
- *Sangostyptal Inj. / Weravet*

8.3. Erfrierungen

- *Abrotanum D3; Petroleum D4*
- *Ad1/Iso + Gw7/Iso + St5/Iso + Lf1/Iso;*
  Warme Umschläge mit Gw11/Iso und Populus cp Fluid je 30 Glob. und Tr. auf ½ l Wasser; Aristolachia Salbe
- *Kalium phosphoricum im Wechsel mit Natrium sulfuricum ½ stdl. 1 Tabl.;*
- *Eichenrinde 3 El. in 1l Wasser; 5 Minuten kochen; als Bad oder Umschlag*
- *Rescue*

8.4. Übelkeit beim Autofahren

S.a. Magen / Erbrechen, S. 62

- *Cocculus D4 + Petroleum D6, wenn möglich schon 2 Tage vor der Fahrt geben; Apomorphinum muraticum D4; Nux vomica D6 (Übelkeit mit Erbrechen); Petroleum D6 (der Hund hat Appetit, wenn das Fahrzeug anhält, erbricht aber, wenn er wieder fährt); Tabacum D6 (starke Übelkeit, womöglich verstärkt durch Zigarettenrauch)*
- *St11/Iso*

	•*Magnesium phosphoricum + Natrium sulfuricum + Natrium phosphoricum + Silicea akut alle 2 Min. je 1 Tabl. geben; vorbeugend 4 x tägl.*
-mit Angst	•*Cherry Plum + Rock Rose*
-mit Gleichgewichtsstörungen	*Scleranthus*

8.5. Gehirnerschütterung / Schleudertrauma

S.a. Nervensystem / Gehirnerschütterung, S. 71

Unterstützend zur tierärztlichen Behandlung	•*Arnica D3 (auch Schädeltraumata); Hypericum D4 (alle Verletzungen von Nervengewebe, Gehirn, Rückenmark); Arnica D3 und Hypericum D4 im ¼ stündlichen Wechsel bei allen Kopfverletzungen* •*Gw12/Iso + St10/Iso je 5 Glob. + Capsella cp Fluid/Iso 3 Tr. auf 1/8 l Wasser, alle 5 Min. schluckweise* •*Ferrum phosphoricum + Kalium phosphoricum im ¼ stdl. Wechsel je 4 Tabl.; Magnesium phosphoricum (Schleudertrauma)* *Bewusstlosigkeit nach Gehirnerschütterung:* •*Opium D6 ½ stündlich, bis der Hund erwacht*

8.6. Insektenstich

	•*Apis D4 (mit Schwellung); Arsenicum album C30 (alle Tiergifte); Hypericum D6 (Zeckenbiss); Lachesis D8 (Bisswunden von giftigen Tieren); Ledum D4 (Bisswunden aller Art); Staphisagria D6 (mit nur leichter Schwellung; aber schmerzempfindlich oder Juckreiz)* •*Wund- und Brandgel von Wala* •*Natrium chloratum; Calcium phosphoricum* •*Spitzwegerich frisch gequetscht auf den Stich einreiben; Lavendelöl* Auflage: •*Capsella cp Fluid/Iso 20Tr. in Wasser* •*Crab Apple; Walnut* *(Kochsalz 5 Tl. in 1 l kaltem Wasser auflösen, Auflage immer feucht halten; wirkt gegen Schwellung und Juckreiz)*

8.7. Kreislaufkollaps

Hauptmittel
- *Arnica D4; Camphora D6; Carbo vegetabilis D6; Tabacum C30; Veratrum album D4*
- *Ad1/Iso + St10/Iso + W1/Iso + Capsella cp Fluid stdl. 5 Glob. und Tr.*
- *Infi Cactus Inj. Amp.; Infi Camphora Inj. Amp.*
- *Calcium phosphoricum*
- *Rescue; Rock Rose*

Zusätzlich

-mit Übelkeit; Erbrechen
- *Tabacum D6*

-nach Schock; Unfall; Blutverlust
- *Arnica D3 + Veratrum album D6*

-nach Operation
- *Lachesis D6*

8.8. Muskel-Bänderriss / Muskelzerrung / Sehnenverletzung

- *Arnica D4; Anacardium D8; Ruta D4 (Verletzungen, Quetschungen im Bereich der Bandansätze); Staphisagria D8 (durchschnittene Sehne)*
- *Calcium fluoratum; Ferrum phosphoricum; Kalium phosphoricum; Natrium chloratum am 3.- 4. Tag danach*
- *Calendulatinktur 20 Tr. auf ½ l Wasser*

-Modalität
- *Bryonia D4 (schlimmer durch Bewegung, Ruhe bessert); Rhus toxicondendron D6 (schlimmer durch Ruhe, Bewegung bessert)*

8.9. Operation

-begleitend
- *Arnica D4 + Ruta D4 + Hypericum D3 3 x täglich 5 Tage vor bis 5 Tage nach OP; Staphisagria D6*
- *Natrium sulfuricum; Iso Bicomplex Nr. 5*

-Ausleitung Narkosegifte
- *Nux vomica D6 (erwacht nur langsam); Hyoscyamus D4 + Ipecacuana D3 (bei Erbrechen)*
- *St1/Iso 1 Tag vor bis 3 Tage nach der OP 3 x 10 Glob.*

-Narkoseunverträglichkeit
(s. Stoffwechsel / Entgiftung)
- *Chelidonium D3*

-OP an Knochen; Gelenken	• *Gw4/Iso bis 6 Wochen nach der Operation*
-Weichteiloperation	• *Gw5/Iso; 4 Wochen bis 3 Monate nach OP*
-Zahnextraktion	• *Arnica D6 + Hypericum D4*
-OP an Bereichen mit viel Nervengewebe *(Ohr; Schwanz; Pfoten; Wirbelsäule; Krallen usw.)*	• *Hypericum D4*
-Wunde blau-rot	• *Hamamelis D4*
-nach OP	
- Blasenlähmung *(s. Niere / Blasenlähmung)*	• *Arnica D4; Berberis D3; Causticum D6*
-Harnverhalten	• *Staphisagria C30*
-Schwierigkeiten beim Harnlassen	• *Populus tremuloides D4; Conium D4; Sabal serrulatum D1 (besonders alte Rüden)*
-Blähungen	• *Carbo vegetabilis D6*
-Schwäche	• *Acidum phosphoricum; China D4*
-Schmerzen	• *Hypericum D4*
-Kreislaufkollaps	• *Lachesis D6*
-verwirrt	• *Hyoscyamus D30; Lachesis D12; Opium D 200 1Gabe*
-septische Zustände	• *Lachesis D6; Pyrogenium D6*
-Verstopfung mit Stuhlgang	• *Nux vomica D6 ½ stündlich geben*
-Verstopfung	• *Opium D200; Staphisagria D6*
-Darmlähmung	• *Opium D200; Staphisagria D6*

8.10. Schmerzen / Krämpfe

-akut	• *Magnesium phosphoricum als »Heiße Sieben«, s. S. 9*
-chronisch	• *Natrium sulfuricum; Iso Bicomplex Nr. 5*

8.11. Schock

- *Aconitum C30; Arnica D4; Carbo vegetabilis D6 (durch Erschöpfung, gehetzt werden usw.); Podophyllum D6 (durch Austrocknung); Opium D200 (mit Benommenheit, Ohnmacht); Veratrum album D6 (durch Austrocknung)*
- *Infi Cactus Inj. Amp.*
- *Calcium phosphoricum*

-Panik; Todesangst; allergischer Schock

- *Rescue + Rock Rose*

8.12. Schwellungen

- *Calcium sulfuricum; Iso Bicomplex Nr. 21*
- *Petersilie 2 El. frische; kleingehackte Blätter mit zu Eischnee geschlagenem Eiweiß vermischen und auf ein Tuch streichen. Um das verletzte Gelenk legen und mit elastischer Binde befestigen; alle 2 Stunden erneuern.*

8.13. Sonnenstich / Hitzschlag

- *Hypericum D6 + Gelsemium D6 + Aconitum D4; Glonoinum D6 (stark klopfendes Herz); Stramonium D4; Veratrum album D4 (mit Schwäche)*
- *Ferrum phosphoricum; Natrium chloratum*
- *Rock Rose + Rescue*
  oder Mischung aus: Hornbeam + Olive + Wild Rose

8.14. Überanstrengung

S.a. Bewegungsapparat / Muskel, S. 33

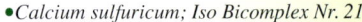

- *Arnica D4; Rhus toxicondendron D6*
- *Ad3/Iso + Viscum album cp Fluid/Iso*
- *Infi Cactus Inj. Amp.*
- *Natrium chloratum; Magnesium phoshoricum; Silicea; Iso Bicomplex Nr.3*

8.15. Verbrennung

Hauptmittel
- *Aristolachia D4; Cantharis D6; Urtica urens D4*
- *Gw3/Iso;*
  feuchter Verband aus: Gw5/Iso + St7/Iso + Viscum album

cp Fluid; je 30 Glob. und Tr. auf ¼ l Wasser
- *Ferrum phosphoricum ¼ stdl. 1 Tabl.; Calcium fluoratum 8 x tgl. 1 Tabl.; Silicea 8 x tgl. 1 Tabl.*
- *Brennnesseltinktur 1:5 mit Wasser verdünnt, nach dem Abklingen der akuten Verbrennung, zur besseren Vernarbung*
- *Crab Apple; Rescue*

Zusätzlich

-mit Entzündung *(siehe Allgemein / Entzündung)*
- *St7/Iso + Fb1/Iso*

-mit Blasenbildung
- *Apis D4; Cantharis D6; Causticum D8*
- *Natrium chloratum ½ stdl. 1 Tabl.*

-schlecht heilend
- *Causticum D8*

-eitrig
- *Silicea alle 2 Std. 1 Tabl.*

-an Körperteilen mit vielen Nerven *(Ohren; Rute; Zitzen; Pfoten usw.)*
- *Hypericum D4*

8.16. Vergiftung
S.a. Stoffwechsel / Entgiftung, S. 89

- *Crotalus D12; Ipecacuana D8; Lachesis D12; Nux vomica D6; Pyrogenium C3*
- *St1/Iso alle 10 Minuten 30 Glob.*
- *Iso Bicomplex Nr. 3 und 24, ½ stdl. je 1 Tabl.*

8.17. Verstauchung / Verrenkung
S.a. Bewegungsapparat / Verstauchung, S. 36

- *Arnica D4; Ledum D4; Hypericum D8 (Wirbelsäulenstauchung); Ruta D2 (besonders untere Fußgelenke)*
- *Capsella cp Fluid/Iso unverdünnt als Kompresse*
- *Ferrum phosphoricum; Calcium sulfuricum; Kalium phosphoricum; Natrium phosphoricum; Silicea*
- *Majoran Salbe; Arnikatinktur 20 Tr. auf ½ l Wasser als Umschlag; Johanniskrautöl als Auflage und Einreibung (zur Schmerzlinderung)*
- *Rescue; Star of Bethlehem*

Zusätzlich

-Einrenken
- *Rhus toxicondendron (nach dem Einrenken alle 5 Minuten)*
- *Arnikatinktur 20 Tr. auf ½ l Wasser, als Umschlag (erleichtert das Einrenken)*

8.18. Wunden / Verletzung

S.a. Haut / Wunden, S. 56

Wunden, die vom Tierarzt genäht werden müssen, weder reinigen noch äußerlich behandeln, nur mit sauberem Verband abdecken

Bei allen Bisswunden »Infektionsgefahr«!

- *Arnika D4 (hellrote Blutung); Bellis perennis D2 (Verletzungen der Weichteile, Prellungen, Quetschungen); Hamamelis D4 (dunkelrote Blutung); Calendula D2 (zerrissene Wunden, Wunden mit Gewebeverlust, Schürfwunden usw., stark blutend; stark verunreinigt); Lachesis D8 (Stichwunden); Ledum D4 (Bisswunden aller Art, alle Stichverletzungen, Nägel; Dornen usw.); Staphisagria D6 (Schnittwunden)*
- *Gw3/Iso verbesserte Wundheilung*
- *Infitramex Inj. Amp.*
- *Mischung für Umschläge:*
  Arnika, Gänseblümchen, Johanniskraut, Kamille, Ringelblume, Schafgarbe, Spitzwegerich. Wenn möglich frische Kräuter in der Küchenmaschine zerkleinern und auflegen. Aus getrockneten Kräutern Teemischung herstellen,

  Arnikatinktur 20Tr. auf ½ l Wasser. Zur Wundreinigung von nicht verschmutzten Wunden, wenn nur die Haut verletzt ist.

  Calendulatinktur 20 Tr. auf ½ l Wasser. Zur Wundreinigung von verschmutzten, infizierten Wunden. Wunden, bei denen das Fleisch verletzt ist.

Zusätzlich

-mit Nervenquetschung
- *Hypericum D4*
- *Infitramex Inj. Amp.*

-bei Verletzungen in Bereichen mit viel Nervengewebe *(Schwanz; Wirbelsäule; Krallen; Pfoten; Ohren usw.)*
- *Hypericum D4*
- *Johanniskrautöl*

-mit Knochenhautbeteiligung *(siehe Bewegungsapparat / Knochenhautentzündung)*
- *Ruta D4; Symphytum D1*

-nach Misshandlung mit körperlichen Symptomen Prellung; Quetschung usw. und psychischem Trauma, *(s. psychische Probleme/ Bestrafung)*
- *Bellis perennis D4*

-mit Eiterungen
- *Calendula D2; Hepar sulfuris D6; Myristica sebifera D3*
- *Infitramex Inj. Amp.*
- *Iso Bicomplex Nr. 14*

| -mit starkem Gewebeverlust | •*Bellis perennis D2; Calendula D2* |
| -Blutung im Augapfel | •*Hamamelis D4; Symphytum D3 (auch »blaues Auge«)* |

8.19. Zerrung / Quetschung
Siehe Wunden

| | •*Kalium phosphoricum; Iso Bicomplex Nr. 29* |

Eigene Notizen:

Index

Über die Autorin

Gaby Haag ist seit drei Jahrzehnten Heilpraktikerin und Tierheilpraktikerin aus Leidenschaft. Von Kindesalter an lebt sie in enger Gemeinschaft mit vielen Tieren, vor allem aber Hunden und Katzen.

Bei Fragen an die Autorin:
ghnature@googlemail.com

Gaby Haag
Naturheilpraxis für Hunde

Ein Handbuch, das sowohl die Grundprinzipien der einzelnen Therapieformen erklärt als auch eine wertvolle Nachschlagehilfe bei verschiedenen Erkrankungen bietet. Bespricht Homöopathie, Schüssler
Salze, Bachblüten, Komplexmittel, Akupressur, Kräuter, Farb- und
Musiktherapie, Kinesiologie, Massage und bewährte Hausmittel.

340 Seiten, durchgehend farbig

ISBN: 978-3-942335-16-4
34,95 € 36,00 €(A)

Auch als e-Book erhältlich:
ISBN: 978-3-942335-65-2
28,99 € 28,99 €(A)

Fordern Sie jetzt unseren Katalog mit rund 300 weiteren Hundebüchern an unter:

Kynos Verlag Dr. Dieter Fleig GmbH
Konrad-Zuse-Straße 3
54552 Nerdlen/Daun
Tel.: 06592-957389-0
bestellung@kynos-verlag.de

Oder besuchen Sie unseren Shop:
www.kynos-verlag.de